www.tredition.de

Für Claus-Friedrich und Stine

Astrid Rosenschon

Hinduismus und Buddhismus: Indiens Religionen im Lichte moderner Erkenntnisse

www.tredition.de

© 2014 Dr. Astrid Rosenschon

Umschlaggestaltung, Illustration: arcfl,
Foto Frontseite: Vishnu-Statue in Rishikesh,
© arcfl,
Foto Rückseite: die Autorin vor dem Hoysala-Tempel in Somnathpur, © arcfl

Verlag: tredition GmbH, Hamburg
ISBN: 978-3-8495-7388-1
Printed in Germany

Das Werk, einschließlich seiner Teile, ist urheberrechtlich geschützt. Jede Verwertung ist ohne Zustimmung des Verlages und des Autors unzulässig. Dies gilt insbesondere für die elektronische oder sonstige Vervielfältigung, Übersetzung, Verbreitung und öffentliche Zugänglichmachung.

Inhaltsverzeichnis

1 – Problemstellung 11
2 – Die relative Bedeutung der indischen Religionen 19
3 – Historische Wurzeln der indischen Religionen 22
4 – Grundelemente des Hinduismus 33
4.1 – Definition 33
4.2 – Vom Götterhimmel, von "Gottmenschen" und von weisen Männern im Hinduismus 34
4.3 – Karma, Seelenwanderung und Erlösung 38
4.4 – Wie der Hinduismus die Theodizee löst 42
4.5 – Opfer und Rituale 45
4.6 – Vielfalt von Heilszielen und Heilslehren 48
4.7 – Hinduismus – eine Mixtur aus Religionen .. 52
4.7.1 - Shivaismus und Vishnuismus als monotheistische Religionen 52
4.7.2 – Heilande, Erlöser und Bakthi 57
4.7.3 – Volksreligion und Polytheismus 60
4.7.4 – Die Welt als Illusion und das All-Eine hinter dem Schleier 63
4.8 – Askese und Yoga 66
4.9 – Die hinduistische Kosmologie und das Denken in Weltzeitaltern und ewigen abwärtsgerichteten Zyklen 68
4.10 – Wie die hinduistische Gesellschaft organisiert ist 72

4.10.1 - Die Kastenordnung der Hindus 72
4.10.2 – Der Hindu-Dharma oder Leben nach der göttlichen Ordnung 83
4.10.3 – Lebensstadien der Hindus 85
4.10.4 – Der Kult um den Sohn, die Rolle der Frau und der Familienclan 87
4.11 – Indische Religion und Wissenschaft 92

5 – Die Kritik Buddhas am Brahmanismus als Vorläufer des Hinduismus und ihre Schwächen 96

5.1 – Vorbemerkung 96
5.2 – Buddhas Leben 96
5.3 – Die Verhältnisse im Indien des 5. Jahrhunderts v.Chr. 100
5.4 – Der Buddhismus als mittlerer Weg 102
5.5 – Ablehnung des Kastensystems 103
5.6 – Die Vier Edlen Wahrheiten und der Achtfache Pfad 105
5.7 – Karma und Samsara 109
5.8 – Warum sich Buddha aus dem Rad der Wiedergeburten befreien möchte 114
5.9 – Die Lehre vom Nichtselbst, die fünf Skandhas und die „Ich-Illusion" 115
5.10 – Zur Rolle der Individualität 118
5.11 – Fazit zum „Ich-Problem" 119
5.12 – Die Vernetztheit aller Phänomene und das Prinzip der Leere 120
5.13 – Karma, Vernetztheit, Determinismus und Freiheit 121

5.14 – Menschlich erfahrbare Realität als empirisches Phänomen 123
5.15 – Die Erleuchtung und das Nirwana 124
5.16 – Meditation und Aufhebung der Subjekt-Objekt-Trennung 127
5.17 – Wie der Buddhismus die Zeit einstuft 128
5.18 – Besonderheiten des Mahayana-Buddhismus 131
5.19 – Die „Nur-Geist-Philosophie" 134
5.20 – Buddhistisches Weltbild und moderne Naturwissenschaft 136
5.21 – Warum in Indien der Buddhismus durch den Hinduismus verdrängt worden ist 138

6 – Der Jainismus 141

7 – Die Religion der Sikhs 144

8 – Hinduismus (im weiten Wortsinn) im Lichte der Moderne 147

8.1 – Vorbemerkung: Gott und Naturwissenschaften 147
8.2 – Indien: Paradefall für die Religionskritik berühmter Atheisten? 149
8.3 – Wunder und Zauber, Glaube und Wissenschaft 151
8.4 – Die Offenheit des Hinduismus 155
8.4.1 - Freiheit der Religionswahl und Toleranz 155
8.4.2 - Freiheit der Religionswahl und Wahrheit 163
8.5 – Vishnuismus und Brahman – moderne Gottesbilder 167
8.6 – Indische Heilsziele in der Kritik 170

8.7 – Religion und Kosmos 173
8.7.1 - Die Welt: ein Gaukelspiel unserer Sinne? 173
8.7.2 – Statt der „die-Welt-als-Illusions-These":
Naturkonstanten, die Leben ermöglichen 178
8.7.3 – Statt Negation der Welt - Ein anthropisches Prinzip? 182
8.7.4 – Die Realität – Universum, Mensch, Ich ... 186
8.7.5 – Die „Alles-ist-eins-Philosophie" der Inder.................................. 188
8.7.6 – Wie Meditation zu beurteilen ist 190
8.7.7 – Gibt es empirische Anhaltspunkte für die zyklische Kosmologie der Hindus? 193
8.7.8 – Die Anfangssingularität und der Urknall 196
8.7.9 – Die Zukunft unseres Universums, das Ende des Menschen 198
8.7.10 – Leben wir gar in einem Multiversum? .. 200
8.7.11 – Wie die hinduistische Kosmologie das Verhältnis der Inder zu Geschichte und Zeit prägt . 204
8.8 – Fortschritt oder Rückschritt in der Welt? ... 208
8.8.1 - Statt eines abwärts gerichteten Prozesses auf Erden säkularer Fortschritt – Adam Smith 208
8.8.2 – Evolution von Natur und Kosmos – Teilhard de Chardin 216
8.8.3 – Evolution durch Steuerung von oben (Zu-Fall) statt durch blinden Zufall? 217
8.8.4 – Trotz Fortschritts und Evolution: Die Realität – kein Heile-Welt-Szenario 226
8.9 – Die Rolle der Vorleben im hinduistischen Denken 230
8.9.1 - Indiens Lösung der Theodizee 230
8.9.2 – Kann die Seele wandern? 232

8.9.3 – Moral und Wiedergeburt – Die Denkweise der Jains 234
8.9.4 – Lässt sich der Bumerang-Effekt des Karmas empirisch nachweisen? 235
8.9.5 – Karma, nichts als Karma? Oder: Gesetz und Zufall? 237
8.9.6 – Fehlsteuerungen infolge der Karma-Kasten-Philosophie 239
8.10 – Hinduismus und Ethik 242
8.10.1 - Hindu-Denken - jenseits von Gut und Böse? 242
8.10.2 – Wo spielt im Hinduismus Ethik eine Rolle? 246
8.11 – Exkurs: Vom höheren Sinn 248
8.11.1 - Was könnte der Sinn des Leids, der Ungerechtigkeit und des Bösen auf Erden sein? 248
8.11.2 – Wie sich Gottes Wirken denken? 251
8.12 – Hinduismus – die gesellschaftliche Dimension 260
8.12.1 - Was war der entwicklungshistorische Sinn der Kastenordnung? 260
8.12.2 – Warum die Kastenordnung die Wohlfahrt mindert 265
8.12.3 – Kastendenken führt zur Vernachlässigung der Außenwelt und der gemeinsamen Belange . 270
8.12.4 – Warum es die Kasten immer noch gibt . 271
8.12.5 – Zur Zukunft der Kastenordnung 275
8.12.6 – Frauendiskriminierung, Armut und Kriminalität 280
8.12.7 – Die indische Großfamilie in der Kritik .. 285

8.13 – Das indische „sowohl-als-auch-Denken" als Chance für die moderne Wissenschaft 289

9 – Abrundende Gedanken 293

LITERATUR 296

Danksagung 303

1 – Problemstellung

Nach Indien reist der Besucher aus der Fremde entweder zweimal, nämlich das erste und das letzte Mal, oder er kommt immer wieder dahin zurück. Für viele Menschen ist Indien ein Sehnsuchtsland, mit dem sie Faszination, zumindest aber eine Art Hassliebe verbindet. „Wer einmal nicht nur mit den Augen, sondern mit der Seele in Indien gewesen ist, dem bleibt es ein Heimwehland" (Herrmann Hesse).

Indien ist voller Kontraste, schroffer Gegensätze, innerer Widersprüche und Zerrissenheit. So hat das Land brillante Wissenschaftler, Computerfachleute, Ärzte und Philosophen hervorgebracht. Es hat Pionierleistungen wie etwa die Erfindung der Mathematik erbracht, wovon die ganze Welt profitierte. Gleichzeitig kann ein hoher Anteil seiner Bevölkerung weder lesen noch schreiben, und die Korruption in Staat und Politik blüht. Allein im Unterhaus in New Delhi sollen 150 Abgeordnete mit krimineller Vorgeschichte sitzen (Hein 2012, (S. 73)).

Neben faszinierenden Weltkulturerbe-Stätten und prächtigen Palästen stößt man auf ärmliche Hütten, Slums und Müllhaufen, in denen sich die Schweine der Unberührbaren suhlen. Vor Zeugen des 3. Jahrtausends wie Software-Schmieden grasen heilige Kühe, die Plastiktüten recyceln und deren Output man per Hand formt und auf Hausdächern trocknet.

Ein wertvolles indisches Kulturerbe sind die Meditationstechniken, die auf innere Ruhe und Harmonisierung des Menschen abzielen. Gleichzeitig ist nirgendwo der allgemeine Lärmpegel so hoch und der Verkehr so hektisch und chaotisch wie in Indien. Indien ist schrill, buntscheckig und laut, aber auch märchenhaft schön und mystisch. Kein Land ist so aufregend und abwechslungsreich wie Indien. Trotzdem hört man überall die Zauberformel: no problem, relax.

In Indien sind zwei Weltreligionen oder Heilslehren erdacht worden – der Hinduismus und der Buddhismus. Um das irdische Heil und das materielle Los breiter Massen ist es aber – trotz des Wirtschaftsaufschwungs, den die Öffnung der Märkte durch den damaligen Finanzminister und späteren Premier Manhoman Singh im Jahr 1991 Indien seither beschert hat – schlecht bestellt: der Aufschwung, der derzeit wieder ins Stocken gerät (Hein 2012, (S. 73)), kommt bei den Armen, die unter dem Existenzminimum leben, kaum an und rund drei Viertel der Bevölkerung wird sozial geächtet. Es gibt nach wie vor Elend und krasse Armut breiter Massen – sei es nun in ländlichen Gegenden, sei es in den Slumvierteln indischer Molochstädte.

Dabei genoss Indien in früheren Zeiten den Ruf, sagenhaft reich zu sein. Indiens legendärer Reichtum ist bereits in der Bibel erwähnt und von chinesischen Geschichtsschreibern dokumentiert worden. Er hat auch Europäer wie Vasco di Gama angelockt, dessen Geschenke aus Europa am hinduistischen Königshof von Vijayanagar mitleidig belächelt worden sind. Christoph Kolumbus hat den Seeweg nach Indien, das in Europa als Märchenland gepriesen worden ist, über die Westroute gesucht.

Gleichwohl scheint dieser Reichtum auf die Herrschenden beschränkt gewesen zu sein. Der indische Wirtschaftswissenschaftler Deepak Lal schätzt, dass es in Indien 2000 Jahre lang – von 300 v. Chr. bis 1700 – zu keiner Steigerung des Pro-Kopf- Einkommens gekommen ist. (Deepak Lal, nach Weede 2000, (S. 183)).

In kaum einem anderen Land der Erde greift die Religion derart in die Gestaltung der Lebensrealitäten ein wie in Indien – sei es nun im ökonomischen, rechtlichen, ethischen, sozialen, kulturellen, technischen oder wissenschaftlichen Sinn. Wie allgegenwärtig die Religion ist, wie stark sie alle Lebensbereiche durchdringt, sieht man schon daran, dass es in den Sprachen Indiens das Gegensatzpaar „religiös" und „profan" nicht gibt (Schweizer 2001, (S.20)).

Wer sich mit Indien befasst – egal aus welcher Betrachtungsperspektive heraus - kommt deshalb um eine Beschäftigung mit den in Indien entstandenen Religionen, vor allem dem Hinduismus, nicht umhin. Der bedeutende Soziologe Max Weber hat zu Beginn des letzten Jahrhunderts in seiner „Wirtschaftsethik der Weltreligionen" auch vertieft den Hinduismus sowie Buddhismus analysiert. Wegen der Dominanz des Religiösen auch in den profanen Dingen des Lebens ist Indien dasjenige Land, in dem man die ökonomische Lebensrealität monokausal aus der Religionsphilosophie herleiten kann (Weede 2000, (S. 11)).

Es ist Ziel dieses Essays, die auf dem Boden Indiens und Nepals entstandenen Religionen in den Focus zu nehmen. Das sind neben dem Hinduismus und dem Buddhismus der dem Hinduismus ähnelnde Jainismus und der Sikhismus als Synthese aus Hinduismus und Islam. Diese Religionen sind aus moderner Sicht kritisch zu würdigen, wobei der Schwerpunkt beim Hinduismus gesetzt wird.

In diesem Kontext stellt sich die Frage, ob es überhaupt legitim ist, Religionen kritisch zu hinterfragen und dabei ökonomische, moralische und naturwissenschaftliche Bewertungsmaßstäbe anzulegen. Sicher ist es so, dass es Grenzfragen gibt, bei denen die Theologie ein Monopol hat und andere Wissenschaften verstummen müssen. Das Absolute oder der Urgrund alles Seins entziehen sich einer naturwissenschaftlichen Betrachtung.

Aber wo die Religion in die vom Menschen objektiv erfahrbare Wirklichkeit hineinspielt, dort sollte es anderen Geistes- sowie den Naturwissenschaftlern erlaubt sein, kritisch mitzureden. Spätestens seit der Aufklärung gilt es als unwissenschaftlich, wenn sich Vertreter der Religionen hinter Autoritätsargumenten verschanzen, um Kritik abzuwettern. „Auch in der Theologie, wenn sie Wissenschaft und nicht steriler Dogmatismus sein will, ist prinzipiell das Wechselspiel von Entwurf, Kritik, Gegenkritik und Verbesserung möglich und oft geboten" (Küng 2008, (S. 54)).

Kritik und eine Erneuerung der indischen Religionen sind die erforderliche Antwort auf den wirtschaftlich-technischen Fortschritt in der Welt, vor dem sich Indien nicht abschotten kann und sollte. Küng resümiert: „Die eigentliche Herausforderung für den Hinduismus... ist der europäische Modernisierungsprozess..., der nun auch Indien ganz und gar erfasst" (Küng 2005, (S. 136)). Es geht darum, die Religion so anzupassen, dass ihre negativen Auswirkungen auf das reale Leben beseitigt werden und dass sie ihren ureigenen und unabdingbaren Beitrag für das Funktionieren des menschlichen Zusammenlebens wieder besser leisten kann. Religion sollte immaterielle und ethische Werte vermitteln und Antworten zu drängenden Gegenwartsproblemen bieten.

Unterbleibt diese Anpassung, wird Religion anachronistisch. Es besteht dann die Gefahr, dass viele Inder einseitig auf den Fortschrittszug springen, und die Güter und Werte verabsolutieren, die der Markt erzeugen kann: Das sind materielle Güter und Dienste, die das Leben erleichtern. Die immateriellen Werte aber, wie Dankbarkeit, Zufriedenheit, Optimismus, Sinnhaftigkeit und Lebensglück, die einen fundamentalen Beitrag zur Wohlfahrt leisten, bleiben auf der Strecke, wenn sich die Religion – die allein diese Güter anbieten kann – nicht an die Herausforderungen der Gegenwart anpasst und keine Botschaften mehr vermittelt, wenn sie also versagt.

In Indiens neuem Mittelstand zeichnen sich bereits Tendenzen in Richtung Religionsverlust ab, wie die Mitgiftmorde aus materieller Gier heraus zeigen. Man spricht bisweilen davon, dass Indien auf dem Weg in die Konsumgesellschaft ist und der neue Mittelstand plattem Materialismus anheimfällt. Daran ist aber nicht, wie dies meist immer unkritisch behauptet wird, die Marktwirtschaft schuld, sondern es ist Ausdruck von Religionsversagen oder Verlust an unsichtbaren Werten.

Indien sollte diesen Gefahren gegenhalten und einen Spagat wagen: Es sollte auf den Fortschrittszug springen und „Wohlstand für alle" (Ludwig Erhard) anstreben. Und es sollte sich auf seine Tradition besinnen und nach „nichtmateriellen, spirituellen Werten und Maßstäben" (Küng 2005, (S. 236)) streben – nach einem reformierten Hinduismus.

Indien hat großen materiellen Nachholbedarf, und es hat spirituellen Reichtum und große religiöse Tradition. Typisch für das indische Denken sind auch die „sowohl-als-auch-Kategorien" statt der „entweder-oder-Kategorien" des Westens. Deshalb erscheint Indien prädestiniert dafür, weltweit für Markt und Religion (und Staat als Regelsetzer für den Markt und als Anbieter von Sicherheit nach innen und außen) zu werben, statt darin Alternativen zu sehen. Ein marktfreundlicher Reform-Hinduismus, der Religion und Staat auf ihre eigentlichen Aufgaben verweist, wäre ein großer Hoffnungsträger für das Wohlergehen der Menschheit. Eine solche Philosophie würde auch das Christentum mit seiner verbreiteten Marktfeindlichkeit zum längst überfälligen Umdenken zwingen.

Die vorliegende Studie ist in mehrere Teile gegliedert: Zunächst wird nach der relativen Bedeutung der indischen Religionen in der heutigen Zeit gefragt. Ferner ist darzustellen, welche Kulturen im Lauf der Geschichte Einfluss auf die indischen Religionsphilosophien ausgeübt haben. Dem Aufzeigen der historischen Wurzeln folgt die Darstellung der Grundelemente des Hinduismus. Dem hinduistischen System, das sich wie der Buddhismus aus dem Brahmanismus heraus entwickelt hat, wird dann die Kritik Buddhas an diesem gegenübergestellt. Der religiöse Gegenentwurf wird dabei nicht nur dargestellt, sondern auch kritisch beleuchtet. Dem schließt sich eine moderne Würdigung des Hinduismus (im weiten Wortsinn), vor allem im Lichte von Ökonomie, Ethik und Naturwissenschaften an. Die von Indien in den Bann gezogene Autorin, die zur Berufsspezies der Ökonomen gehört, muss in ihrer Abhandlung viele Anleihen aus der Indologie, der Theologie und aus den modernen Naturwissenschaften nehmen.

2 – Die relative Bedeutung der indischen Religionen

Der Hinduismus ist nach dem Christentum und dem Islam die drittgrößte Religion der Erde. Der Hinduismus zählt rund 900 Millionen Anhänger, das sind etwa 13 Prozent der Weltbevölkerung (Wikipedia, Hinduismus) und 80,5 Prozent der Einwohner Indiens (Wikipedia, Indien). Heute ist der Hinduismus vor allem in Indien und Nepal verbreitet, aber auch in Sri Lanka, Bali, Malaysia, Singapur, Bangladesch und den arabischen Staaten am Persischen Golf. Selbst in Südafrika, Mauritius, Guyana, Fidschi, Suriname, Trinidad und Tobago leben Hindus.

Der Buddhismus ist im 5. Jh. v. Chr. vom Fürstensohn Siddhartha Gautama, der sich „Buddha" („Erwachter") nannte, in Nordindien und im heutigen Nepal gegründet worden. Der Buddhismus war ursprünglich eine sehr bedeutsame Religion in Indien, viele Könige, wie etwa der berühmte Herrscher der Maurya-Dynastie Ashoka, bekannten sich zum Buddhismus; ab dem 7. Jahrhundert n. Chr. ist der Buddhismus dann aber vom Hinduismus zurückgedrängt worden, im 12. Jahrhundert war er fast völlig ausgelöscht. Heute sind nur noch 0,8 Prozent der indischen Bevölkerung Buddhisten (Wikipedia, Indien). Sie leben vor allem in Maharastra, der Heimat des unberührbaren Politikers

Ambedkar, der zum Buddhismus übergetreten ist, aber auch den Himalaya-Regionen, insbesondere in Ladakh, Sikkim und Darjeeling.

Dafür hat sich der Buddhismus als „Exportschlager" erwiesen. Weltweit bekennen sich zu dieser Religion, die sich in verschiedene Schulen oder Strömungen unterteilt, je nach Quelle 230 bis 500 Millionen Menschen (Wikipedia, Buddhismus). Der Buddhismus ist in ganz Asien verbreitet, vor allem in China, Taiwan, Japan, Korea, Myanmar, Kambodscha, Laos, Thailand, Vietnam, Sri Lanka, Singapur, Malaysia, Nepal, Tibet, Bhutan und der Mongolei.

Der Jainismus war eine historisch bedeutsame Religion. Sie spaltete sich im 6. bis 5. Jh. v. Chr. aus dem Brahmanismus ab, dem historischen Vorläufer des Hinduismus. Mehrere indische Könige waren Anhänger des Jainismus. Im Jahr 2001/02 gehörten dem Jainismus aber nur noch 4,4 Millionen Gläubige an, davon in Indien 4,2 Millionen (Wikipedia, Jainismus) oder 0,4 Prozent der indischen Bevölkerung (Wikipedia, Indien). Die meisten von ihnen leben in Gujarat und Rajasthan. Trotz ihrer geringen Zahl sind die Jains wirtschaftlich sehr einflussreich. Sie sind vor allem in den Händlerkasten und unter den Intellektuellen stark vertreten.

Die monotheistische Religion der Sikhs ist von Guru Nanak im 15. Jahrhundert im Punjab in Nordindien begründet worden. Die Religion hat rund 23 Millionen Anhänger, wovon rund 80 Prozent in Indien leben, dort vor allem im Bundesstaat Punjab und in Neu Dehli. Der Bevölkerungsanteil der Sikhs in Indien liegt bei 2 Prozent. Sie sind weit überproportional in militärischen Berufen vertreten. Die Auslands-Sikhs konzentrieren sich auf Nordamerika, Großbritannien, Malaysia, Singapur und Thailand (Wikipedia, Sikh).

3 – Historische Wurzeln der indischen Religionen

Zwischen dem 2. und 1. Jahrtausend v. Chr. wanderte ein Volk von Viehhaltern in mehreren Wellen in die Indusebene im heutigen Pakistan und ins nördliche Indien ein. Sie nannten sich „Arya" (Arier oder „die Edlen"). Die Historiker vermuten, dass sie aus dem Gebiet zwischen dem Schwarzen und Kaspischen Meer stammten, das zu Persien bzw. zum heutigen Iran zählt (Krack 2001 (S.15 ff)).

„Zweifelsfrei bewiesen werden die Wanderungen durch die vergleichende Sprachwissenschaft: Alle europäischen Sprachen, mit Ausnahme von Baskisch, Finnisch, Ungarisch und Estnisch, lassen sich auf eine Pro-Indo-Europäische Sprache – unter Fachleuten kurz PIE genannt – zurückführen, die auch die Basis für das indische Sanskrit war" (Krack 2001 (S. 19)). Die Veden – die heiligen Schriften der Arya - waren in Sanskrit verfasst.

„Ursprünglich wurden die Veden nur mündlich überliefert, ihre Aufzeichnung war streng verboten. Das Verbot selbst war in den Veden verankert und das Mahabharata verdammte alle, die Veden niederschrieben, zur Hölle. Die Veden brachten angeblich nur spirituellen Verdienst, wenn sie aus dem Gedächtnis rezitiert wurden. Die Priesterklasse (sogenannte „Brahmanen") sicherte sich so das

Wissensmonopol auf die Veden" (Krack 2001 (S. 23)).

Die „Edlen" praktizierten das Ritual des Pferdeopfers und beteten zu ihren Naturgottheiten. Der Oberste in ihrem Götterhimmel war der Blitzeschleuderer Indra. Ihm und dem Feuergott Agni verdankten sie ihre Siege. In ihrem Olymp anzutreffen waren ferner der Sonnengott Surya, der Wassergott Varuna, die Göttin der Morgenröte Ushas, der Windgott Vayu und Yama, der Totengott (Krack 2001 (S. 15)). Man nimmt an, „dass die Arier, ehe sie nach Indien eindrangen, mit einer Hochkultur in Berührung waren, von der sie bestimmte Gottesvorstellungen übernahmen" (Heinrich von Stietencron, zitiert nach Schlensog 2006, (S. 32)). Das kann die iranische, die babylonische oder auch die Induskultur gewesen sein, von der noch berichtet wird.

Die Aryas errichteten das Kastensystem in Indien, das heute immer noch bedeutsam ist. An der Spitze der Gesellschaftshierarchie waren die Priester (Brahmanen) angesiedelt, gefolgt von den Kriegern und Adeligen (Kshatryas). Weit unter diesen standen die Landbesitzer (Vaishyas), ganz unten die Masse der Menschen, die mit den Händen arbeitete (Landarbeiter, Handwerker). Sie wurden Shudras genannt. In den Veden ist das „Dharma" überliefert, das ist das Leben gemäß der ständischen Ordnung. Jede Kaste hatte nach dem vermeintlichen Willen Gottes oder der Götter ihre fest umrissenen Aufgaben und Pflichten zu erfüllen.

Da die Arier ein Volk waren, das über von Pferden gezogene Kampfwagen verfügte, waren sie einer am Indus angesiedelten städtischen Hochkultur militärisch überlegen, konnten diese beherrschen und dabei Teile ihrer Kultur assimilieren: Es handelt sich um die seit 3000 Jahren v. Chr. existierende Indus- oder Harrapakultur mit den bekannten städtischen Zentren Harrapa und Mohenjo Daro. Sie dehnte sich bis in die Gangesebene aus und umfasste ein Gebiet in der Größe von Ägypten und Mesopotamien zusammen (Schlensog 2006, (S. 25)). Die Harappa-Kultur zählt neben dem alten Ägypten, dem alten Mesopotamien und – tausend Jahre später - dem alten China zu den Wiegen der Menschheitsgeschichte. Die Induskultur pflegte rege Handelsbeziehungen mit den Ländern Mesopotamiens und war über den Oman mit Afrika vernetzt. (Kulke, Rothermund 2010, (S. 11.f.)).

Man weiß, dass die Induskultur neben Zeugnissen hochentwickelter Kunstfertigkeit und einer – noch nicht entzifferten - Schrift bereits über ein funktionstüchtiges Rohrleistungssystem verfügte. Es durchzog die städtischen Gebiete unterirdisch. (Kulke, Rothermund 2010, (S. 10), Siebert 2007, (S. 224)). Der perfekte Umgang mit Nutz-, Wasch- und Abwasser und der hohe Stand an Hygiene könnten (nicht nur) dem alten wie dem modernen

Indien zum Vorbild gereichen. Die Induskultur „zeigte eine weit größere technische Perfektion und Uniformität als die Kultur Mesopotamiens..."(Kulke, Rothermund 2010, (S.11)).

„Die „Arya" übernahmen möglicherweise von der Harrapa-Kultur den Kult um Gott Shiva. Er ist in der hinduistischen Religion neben Brahma und Vishnu einer der drei Hauptgötter. Man hat Münzen gefunden, auf denen eventuell Shiva abgebildet sein könnte. Das ist aber vielleicht nicht mehr als eine vage Annahme.

Die Archäologie rätselt, wodurch die Induskultur vor dreieinhalbtausend Jahren untergegangen ist. Als Ursachen kommen nach der herrschenden Lehre tektonische Verwerfungen oder vom Menschen verschuldete Umweltkatastrophen in Frage, etwa Beeinflussung des Klimas, Überweidung u. ä." (Kulke, Rothermund 2010, S. 41 f.)). Eine Zerstörung durch die „Arya" wird für weniger wahrscheinlich gehalten, wenngleich manche Skelettfunde Zeichen der Gewaltanwendung aufweisen (Schlensog 2006, (S. 26.)). Es ist also vermutlich durchaus zu gewaltsamen Plünderungen seitens der Aryas gekommen.

Als die Arier weiter nach Indien vordrangen, übernahmen sie auch zahlreiche kulturelle Elemente der dunkelhäutigen Urbevölkerung, zu der möglicherweise auch Menschen aus der Harrapa-Kultur gehörten. Man nennt die Urbevölkerung Draviden (Krack 2001, (S. 20)). Sie sind bei der Invasion der Aryas in den Süden des indischen Subkontinents abgedrängt worden, wo sie heute meist leben, vor allem in Tamil Nadu und Kerala. Zu den geistigen Anleihen der Aryas von den Draviden „gehört vor allem der Mutter-Kult, die Verehrung einer allmächtigen Muttergottheit, die eine Art Fruchtbarkeitssymbol darstellt. Die Identitäten südindischer Götter begannen, mit denen der Eindringlinge zu verschmelzen" (Krack 2001, (S. 20)).

Ferner hat die im 6. Jh. n. Chr. einsetzende Volksbewegung der Bhakti-Religiosität südindische Wurzeln. Bhakti bedeutet Liebe bzw. Hingabe an Gott und ist – neben dem intellektuellen Erfassen der Wahrheit – ein alternativer Weg im Hinduismus, um Erlösung zu erlangen. „Religionskritiker stimmen darin überein, dass Ansätze dieser Gottesmystik (allerdings, d. V.) bereits (schon, d. V.) in frühen Schriften, wie etwa der Bhagavadgita, zu erkennen sind, in der Krishna als Wagenlenker dem Arjuna verkündete: „Wer mich liebt, geht nicht zugrunde…""(Kulke, Rothermund 2010, (S. 181)).

„Auf ihrer langen Wanderung kolonisierten die Arier die Völker, die ihnen nicht gewachsen waren. Die Eroberer hatten nur abfällige Worte für die Unterjochten übrig. Sie bezeichneten sie als Dämonen, Gespenster, Affen, Schwarzhäute, Sklaven, als zwergenhaft und kurznasig, als Sprecher von derben Sprachen, als Priester- und Riten-los, als Indralos, sprich gottlos, und als Verehrer von verrückten Gottheiten.…

…In Wirklichkeit waren es jedoch die Arier, die wie Barbaren auftraten und hochstehende Kulturen vernichteten. Im tiefen Süden Indiens, insbesondere im Bundesstaat Tamil Nadu, hat man ihnen dies bis heute nicht verziehen, und eine stark von dravidischem Stolz geprägte Bewegung sperrt sich gegen den übermächtigen kulturellen und linguistischen Einfluss des Nordens" (Krack 2001, (S. 21))). Vermutlich sind unter den dunkelhäutigen Einwohnern Südindiens Nachfahren der hochstehenden Harrapa-Kultur.

Die religiösen Fundamente Indiens sind bis zum 5 Jh. v. Chr. vor allem durch das Denken der zugewanderten „Aryas" geprägt worden, das sich teils mit dem der Urbevölkerung mischte. Man bezeichnet die geistige Strömung dieser Zeit, in deren Zentrum die Veden standen, als Brahmanismus. Es ist aber damals zur Krise der vedischen Religion gekommen, weil die „Dominanz der Brahmanen, die sich immer klerikaler gebärdeten und mit ihren komplizierten Ritualen den Vollzug des Opfers zur Expertenwissenschaft gemacht hatten"(Hierzenberger 2011, (S. 38)), auf Kritik gestoßen ist.

Kritik kam von großen Glaubenden, die neue Religionen begründeten: Nämlich zum einen von Mahavira, der aus Bihar stammte und der den Jainismus ins Leben rief. Von Bihar aus breitete sich der Jainismus über ganz Indien aus. Vom 5. bis zum 13. Jh. spielte der Jainismus eine relativ bedeutsame religiöse wie politische Rolle. Während er in Nordindien vom immer stärker werdenden Islam verdrängt worden ist, musste er in Südindien dem Einfluss des Vishnuismus und Shivaismus weichen. Das sind zwei bedeutsame monotheistische Strömungen innerhalb des Hinduismus (Hierzenberger 2011, (S. 149)).

Eine Generation nach Mahavira betrat zum anderen Buddha die weltgeschichtliche Bühne. Unter dem großen Herrscher des Maurya-Reiches Ashoka (268 bis 233 v. Chr.) erlebte der Buddhismus eine Hochblüte. Er war damals die bedeutsamste Religion.

Neben Jainismus und Buddhismus ging als dritte Entwicklungslinie der Hinduismus aus dem Brahmanismus hervor, da letzterer nicht auf breite Massen bzw. das einfache Volk zugeschnitten war.

Es gab auch Fremdherrschaften auf indischem Boden, die ihre Spuren in den indischen Religionsphilosophien hinterließen. Eine besondere Rolle spielten die Dynastien während der sogenannten „dark period". Das ist die Zeitspanne zwischen dem Maurya-Reich (320 bis 180 v. Chr.) und der Gupta-Dynastie (320 bis 497 n. Chr.). Das Maurya-Reich wurde von König Chandragupta gegründet. Es ist vor allem mit dem Namen des zum Buddhismus übergetretenen Herrschers Ashoka verknüpft.

Während der „dark period" haben in Nordindien erst die Nachfahren Alexanders des Großen regiert, dann die mit den Skythen verwandten Shakas, nur kurz die Indo-Parther und schließlich die Kushanas, die zur Volksgruppe der Yuezhis zählten. (Letztere sind ab 170 v. Chr. im Zuge der Völkerwanderung von den Xiongnu aus ihren Stammlanden im östlichen Zentralasien vertrieben worden) (Näheres bei Kulke und Rothermund 2010, (S. 91-108)).

Die „dark period" wird im Urteil von Experten als „Wiege der klassischen Periode der indischen Kultur" eingestuft (Kulke und Rothermund 2010, (S. 108)). Der Buddhismus, der von Buddha im fünften Jh. v. Chr. entwickelt worden ist, erlebte während der „dark period" eine Blütezeit. Zu den großen buddhistischen Herrschern zählten der Indo-Grieche Menander und der kosmopolitische Kushana- Regent Kanishka, der durch die Einberufung eines buddhistischen Konzils nach Kaschmir Anstöße für die Entwicklung des Mahayana-Buddhismus – einer neuen Entwicklungslinie des Buddhismus - gegeben hat. (Kulke und Rothermund 2010, (S. 91-108); Schlensog 2006, (S. 165 f.)).

Aber auch der Hinduismus erlebte in dieser Epoche neue Impulse. „Zu beobachten ist der Niedergang der vedischen Götter und der Aufstieg von Gottheiten, die im Veda nur am Rande Erwähnung finden, besonders von Shiva und Vishnu, bzw. ihren Erscheinungsformen" (Michaels

2006, (S. 57)). Insbesondere der Kushano-Herrscher Kadphises II scheint dem Kult um Gott Shiva gehuldigt zu haben, wie von ihm herausgegebene Münzen dokumentieren.

„In der „dark period" entstanden nahezu alle klassischen Gesetzeswerke (Dharmashastra), allen voran das Gesetzbuch des Manu, das im 2. oder 3. Jh. n. Chr. verfasst worden sein dürfte. Nach einer Zeit der Verunsicherung im Gefolge des Zusammenbruchs der Maurya- und Shunga-Reiche folgte eine Zeit der Neubesinnung und in mancher Hinsicht sogar Rückbesinnung auf die Normen gesellschaftlichen Zusammenlebens" (Kulke und Rothermund 2010, (S. 108)).

Ab dem 8. Jh. drang der Islam nach Indien vor. Im 12. Jh. stand bereits ganz Nordindien unter muslimischer Herrschaft. Die Dynastie der Mogule hatte zwischen dem 16. und 18. Jh. die Macht fast auf den gesamten Subkontinent ausgeweitet (Hierzenberger 2011, (S. 151)). Während der kosmopolitische Mogulherrscher Akbar der Große (1542 – 1605)) gegenüber dem Hinduismus tolerant war, und sich sogar zu einer Universalreligion bekannte (Küng und von Stietencron 1999, (S. 78)), versuchte der Despot Aurangzeb (1618 – 1707), den Hinduismus zurückzudrängen.

Der Hinduismus erwies sich allerdings als robust und befruchtete – wie auch umgekehrt – die islamische Kunst, Literatur und Religion. Auf diesem Nährboden der Kulturvermischung konnte der Sikhismus als Synthese aus Hinduismus und Islam gedeihen (Hierzenberger 2011, (S. 151)). Die Grundbausteine für diese religiöse Verschmelzung von Hinduismus und Islam legte der berühmte Mystiker Kabir (1440 – 1518), der vom Sufismus der Derwisch-Orden beeinflusst war. Es gibt Vermutungen, wonach die islamische Mystik vom indischen Denken inspiriert worden ist (Küng und von Stietencron, (S. 49)).

Die heutigen indischen Religionen haben sich also - abrundend betrachtet - aus vier Wurzeln heraus entwickelt, nämlich aus den Traditionen und Glaubensinhalten der Arier, jenen der Induskultur, (die wahrscheinlich ebenfalls dravidischen Ursprungs ist) und jenen der übrigen Dravidas, ergänzt um Fremdeinflüsse während der „dark period" und der muslimischen Dynastien.

Die Grundlagen des Hinduismus sind nicht nur in den Veden, sondern auch in zahlreichen anderen Schriften niedergelegt. Zentrale Themen sind etwa die Ideen vom Geburtenkreislauf, den Einzelseelen und der Weltenseele in den Upanishaden, der klassische Konflikt zwischen Gut und Böse im Epos Mahabharata, die Erfüllung der religiösen Pflichten innerhalb einer als göttlich gewollt angesehenen Kastenordnung (Dharma), die Vorteile des Asketentums als selbstlose Hingabe an das Göttliche (Bhakti) und die Erlösung aus dem Kreislauf der Wiedergeburten (Moksha) in der Bhagavad Gita sowie die Tugenden der idealen Ehefrau im Ramayana. Die Jains haben eine heilige Schrift, das Kalpa-Sutra, die von 24 geistigen Führern (sogenannte Tirthankara) berichtet. Die Sikhs haben ein heiliges Buch, den Guru Granth. Es beginnt mit dem Glaubensbekenntnis an den höchsten Gott.

4 – Grundelemente des Hinduismus

4.1 – Definition

Der Hinduismus kennt verschiedene Spielarten oder Strömungen, die sich unterscheiden, aber auch gegenseitig beeinflussen und überlagern. Er ist also keine Religion aus einem Guss, was im Übrigen das Christentum und der Islam auch nicht sind, wie die verschiedenen Untergruppierungen zeigen. Man kann unter Hindus alle Gläubigen Indiens verstehen, die nicht Muslime, Buddhisten, Jainas, Shiks, Christen oder Juden sind. Die indische Verfassung bezieht aber Buddhismus, Jainismus und Sikhismus in den Hinduismus mit ein. „Die Mitglieder der Jain-Gemeinden, welche… mit bestimmten (Händler-)Kasten Konnubium (Ehegemeinschaften, d. V.) haben, werden von den Hindus gelegentlich... als „Hindu" angesprochen"(Weber 1916-1920/1998, (S. 14)).

„'Hinduismus' (im engeren Sinn, d. V.) ist …ein Sammelbegriff für… Religionen, religiöse Gemeinschaften und sozio-religiöse Systeme, die… fünf Kriterien erfüllen: (a) sie sind auf dem südasiatischen Subkontinent entstanden oder verbreitet, (b) die soziale Organisation ist wesentlich durch besondere Abstammungs- und Heiratsvorschriften gekennzeichnet (das sogenannte Kastensystem), (c) es dominieren (ursprünglich) vedisch-brahmanische Werte, Rituale und Mythen, (d) es wird eine Erscheinungsform von Shiva, Vishnu, Devi, Rama, Krishna oder Ganesha als Gott oder als göttliche Kraft verehrt oder zumindest nicht explizit abgelehnt, (e) es herrscht ein identifikatorischer Habitus vor..."(Michaels 2006, (S. 36)). Unter Letzterem ist der Glaube, dass alle Dinge grundsätzlich eins sind, zu verstehen.

Der Hinduismus im engeren Sinne hat sich, ebenso wie der Buddhismus und Jainismus, aus dem Brahmanismus heraus entwickelt. Darunter ist die Religion zu verstehen, die in Indien ca. 800 v. Chr. bis 500 v. Chr. dominierend gewesen ist. Der Hinduismus ist keine sogenannte "Buchreligion" mit einer einzigen heiligen Schrift wie das Christentum, der Islam oder der Sikhismus. Im Hinduismus gibt es, wie schon erwähnt, eine ganze Fülle an Schriften. Auch hat er im Gegensatz zu den Buchreligionen und zum Buddhismus keinen Religionsgründer.

4.2 – Vom Götterhimmel, von "Gottmenschen" und von weisen Männern im Hinduismus

Im Zuge der zuvor beschriebenen Kulturvermischung und der Assimilationsprozesse hat sich ein neuer hinduistischer Olymp herauskristallisiert (Näheres bei Buß 2009 und Schumann 2010), in dem es vor Göttern nur so wimmelt. Neben persönlichen Lieblingsgöttern, die der einzelne frei wählen kann, verehren die Hindus Familien- und Clangötter und regionale Gottheiten. Im Zentrum des hinduistischen Olymps steht aber die Götter-Trinität oder „Dreifaltigkeit" oder "Trimurti" Brahma (der Schöpfer), Vishnu (der Erhalter) und Shiva (der Zerstörer und Neuerer). Sie gehören so zusammen, wie die Sonne, die aufgeht (Brahma), ihren Höchststand erreicht (Vishnu) und untergeht (Shiva), ein und dieselbe Sonne ist.

Brahman spielt im praktizierten Hinduismus eine untergeordnete Rolle, weil seine Aufgabe auf die der Schöpfung beschränkt war, während Shiva und Vishnu auch im täglichen Leben bedeutsam sind. Es gibt die monotheistischen Sekten der Shivaisten und der Vishnuisten, deren Mitglieder leicht an ihren unterschiedlichen Stirnzeichnungen erkennbar sind. Sie verehren entweder Shiva oder Vishnu als Hauptgott oder Beherrscher des Universums.

Als abstrakte Prinzipien halten sich Vishnuismus und Shivaismus in der von allen Menschen gleicherhands beobachtbaren Realität letztlich die Waage: Die systemstabilisierenden Kräfte und die dynamischen Kräfte der „schöpferischen Zerstörung„ (Schumpeter) sind nämlich natürliche Komplementaritäten. Sie ergeben in ihrer Kombination wiederum ein natürliches Ganzes. Die philosophische Grundrichtung des im alten China entwickelten Taoismus hat analog dazu das natürliche Zusammenspiel von Yin und Yang als abstraktes Denkmodell zur Erklärung der vielfältigen und vielschichtigen Wirklichkeit und des laufenden Wandels entwickelt.

Die hinduistischen Hauptgötter haben Ehefrauen (Sarasvati, Lakshmi und Parvati), Reittiere (weiße Gans, Garuda, Nandi) und eine Fülle von Namen, wie etwa Narayan, Hari, Jagannath, Rudra, Bhairava, Nataraja und Pashupati. Dies erinnert an die hundert Namen Allahs, von denen die Gläubigen nur 99 kennen sollen. Den 100sten, so wird gesagt, wusste außer Mohammed allein das Kamel des Propheten. Deshalb sollen Kamele angeblich so arrogant dreinschauen...

Shivas sanfte Gattin Parvati wird in ihrer grausigen Form zu Kali, die besonders in Kolkatta verehrt wird. In ihrer wilden Form wird sie zu Durga, die auf einem Tiger reitet. Sohn von Shiva und Parvati ist der elefantenköpfige Gott Ganesha. Er genießt als Gott des Erfolgs und der Weisheit breite Wertschätzung, besonders in Mumbai. Sein Reittier ist die Ratte. Der Bruder von Ganesha ist Skanda, der Kriegsgott. Auch wird eine Urmutter oder die weibliche Energie (shakti) angebetet. Der sogenannte „Shakti-Kult" ist ein Relikt aus den Glaubenssystemen der dravidischen Urbevölkerung aus dem Süden Indiens.

Der Hauptgott Vishnu hatte bisher 9 Erscheinungsformen (Inkarnationen). Er manifestierte sich als Fisch, Schildkröte, Eber, Mann-Löwe, Zwerg, Parashu-Rama oder „Rama mit der Axt", Rama,

Krishna und Buddha. Die 10. Inkarnation Vishnus als Kalki, der auf einem Pferd reiten soll, steht noch aus und wird von gläubigen Hindus am Ende des vierten (und letzten) Zyklus innerhalb unseres Weltzeitalters, das sich Kali-Yuga nennt, erwartet. In diesem Zeitalter wird die Welt angeblich zerstört, und es entsteht nach Hinduglauben eine neue Welt. Das Kali-Yuga soll 432 000 menschliche Jahre währen (Buß 2009 (S. 116)). Auch andere Religionen entwickelten übrigens Weltuntergangsszenarien. So sollte der Kalender der Mayas am 21. Dezember 2012 enden.

Das Kali-Yuga begann nach den hinduistischen Mythen am 18. Februar 3102 v. Chr. (Schweizer 2001 (S. 128)), als der in Mathura im nördlichen Indien geborene Gottmensch Krishna in Dwarka (im westlichen Bundesland Gujarat gelegen) starb (Schweizer 2001, (S. 128)). Der flötenspielende, jugendliche Gott Krishna ist – neben Ganesha - ein Lieblingsgott der Inder. Er ist Sinnesfreuden nicht abhold und er ist mit Radha verheiratet.

Eine andere zentrale Gottmenschenfigur ist Rama, der in noch grauerer Vorzeit als Krishna in Ayodhya im nördlichen Indien geboren sein soll. Um ihn rankt sich das Epos Ramayana. Ramas getreue Ehefrau ist Sita, deren Treue und Unterwürfigkeit das idealtypische Frauenbild Indiens prägte. Sita ging sogar ins Feuer, um dem zweifelnden Ehemann ihre Unschuld zu beweisen. Eine wichtige Rolle im Ramayana, das in vielen Ländern Südostasiens äußerst beliebt ist, spielt dort auch der Affengott Hanuman. Er hat mit seiner Affen-Armee die vom Dämonenkönig Ravana nach Sri Lanka entführte Sita befreit.

Die Hindus haben auch Buddha als Inkarnation Vishnus oder möglichen „Gottmenschen" in ihren Götterhimmel integriert, zumindest als „weisen Mann". Ferner werden Jesus als Prophet oder Allah von manchen Hindus verehrt. In der hinduistischen Mythologie gibt es auch zahlreiche „Vertreter Gottes" auf Erden. So wird etwa bei den Nepalis jener Mann als ein solcher betrachtet, der frühzeitig orakelte, dass die Schah-Dynastie nur 13 Generationen währen wird. Das ist die Dynastie, von der der 2001 von seinem Sohn ermordete König Birendra abstammte, der auch als Repräsentant von Vishnu auf Erden vom Volk geliebt und verehrt worden ist.

4.3 – Karma, Seelenwanderung und Erlösung

Der Glaube an die Seelenwanderung (samsara) ist auch andernorts entstanden, so etwa im griechischen Altertum oder in vielen Stammes- und Naturreligionen, etwa in Papua-Neuguinea oder in Afrika. Er geht zurück auf die Vorstellung vom Schicksal der Geister nach dem Tode (Schlensog 2006, (S. 84)); Weber 1916-1920/1998, (S. 85)). „Der Glaube, dass die Wesen mit dem Tod nicht ausgelöscht sind, sondern wiedergeboren werden, ist ein

Kennzeichen aller in Indien entstandenen Religionen. Die Wiedergeburt ist nicht freiwillig, sondern unterliegt einer Weltenmechanik, die keiner Beaufsichtigung durch einen Gott bedarf. Sie ist ein naturgesetzlicher Zwang. Immer wieder hat jeder den Tod, immer wieder hat er Geburt, Krankheit, Altern und Enttäuschung zu ertragen – eine lange Strecke von Leiden liegt vor jedem. Wir alle sind Wanderer … im Wiedergeburtenkreislauf….

… Die frühesten Belege von der Vorstellung der Wiedergeburt finden sich in den Upanishaden, das sind Werke auf Sanskrit, deren älteste Bücher wohl im 7. Jh. entstanden sind…(Dort steht geschrieben, d. V.): Wie eine Raupe, wenn sie das Ende des Grashalms erreicht hat, einen anderen (Halm) ergreift und sich zu ihm hinüberzieht, so ergreift die Seele, wenn sie den Körper abgeworfen hat, …einen anderen (Körper) und zieht sich zu ihm hinüber…

… Als wer oder wo jemand nach dem Tod wiedergeboren wird, ist keinesfalls zufällig. Qualität und Ort (und Kaste, d. V.) der nächsten Existenzform werden bestimmt durch das Karman (auch Karma genannt, d. V.), das Naturgesetz von der Kausalfolge der „Taten"(karman)". (Schumann 2010, (S. 13)). Das Karma wirkt also wie ein Bumerang. Man wird nach diesem Glauben von seinen rechten oder unrechten Taten im nächsten Leben wieder eingeholt, also belohnt oder bestraft. Recht und Unrecht haben im Hinduismus aber nicht unbedingt mit den moralischen Kategorien von Gut und Böse zu tun, sondern eher mit differenzierten Kastenregeln und mit Ritualen.

Es gibt im Hinduismus wie auch Buddhismus diverse Alternativen für die Wiedergeburt: Man kann gemäß den berühmten indo-tibetischen Abbildungen des Rades der Existenzen demnach nicht nur als Mensch wiedergeboren werden, sondern auch als Tier, etwa als Wurm im Darm eines Hundes, ferner als Gott, als Halbgott, als Hungergeist und als Höllenbewohner. „Götter sind … lediglich besonders mächtige, lange und glückliche Wesen, die letztendlich auch wieder sterben und durch ihr Karma in neue, niedrigere Existenzen gezwungen würden" (Scherer 2005, (S. 59f.)).

Die Hindus glauben, dass bei einer Wiedergeburt als Mensch jener, der sich an die formalen Regeln seiner Kaste hält (der dagegen verstößt), im nächsten Leben in eine höhere (niedrigere) Kaste hineingeboren wird. Der „Gute" ist dabei jener, der sich an Regeln seiner Kaste hält, der „Böse" jener, der dagegen verstößt. Mit allgemeinen Moralgrundsätzen haben diese Regeln allerdings wenig zu tun.

Da die indischen Religionsphilosophien das Leiden ins Zentrum rücken, ist es „kein Wunder, dass …(sie, d. V.) darauf ausgerichtet sind, der ständigen Wiedergeburt zu entkommen und die Erlösung zu erreichen… (Das ist die, d. V.) Freiheit vom Zwang der Wiedergeburt" (Schumann 2010,

(S. 13)). Man erreicht diesen Zustand demnach durch Wissen – das ist der Blick hinter den Schleier der Sinnestäuschung – ‚Selbstkasteiung und Yoga-Übungen, zu denen die Meditation zählt.

„Man kann die Seele auf ihrer Wanderung durch die Daseinsformen vergleichen mit einem Seidenfaden durch ein Juwelenhalsband. Der Faden bildet das Kontinuum in der Abfolge von Steinen bzw. Existenzen, er stellt die Identität zwischen ihnen her. Erlösung… aus dem Wiedergeburtenkreislauf ist erreicht, wenn die Seele von karmischen Bindungen frei geworden und nichtlänger gezwungen ist, neue Verkörperungen anzunehmen" (Schumann 2010, (S. 16)). Die Erlösung wird im Hinduismus als „Moksha" und im Buddhismus als „Nirwana" bezeichnet. Allerdings negiert der Buddhismus das Konzept einer Seele.

„Wenn der Erlöste dann gestorben ist und Körper und Individualität abgelegt hat, ist er jenseits aller Beschreibung. Er ist ins Brahman (das ist die „Weltenseele", d. V.), dem er einige Zeit durch Unwissenheit entfremdet, von dem er jedoch nie wirklich getrennt war, eingegangen"(Schumann 2010, (S. 22)). Der aus Kerala stammende Religionsphilosoph Shankara formulierte das so: „Wie bei einem (Ton-)Topf, wenn er zerbrochen ist, der Raum in ihm (wieder) zum offenen Raum (des Universums) wird, ebenso wird, wer das Brahman erkannt hat, beim Zerfall seiner (physischen) Erscheinung … (wieder) selbst zum Brahman" (zitiert nach Schumann 2010, (S. 22)). Brahman ist durch drei Seinsmodi charakterisiert: Sein, Bewusstsein und Glückseligkeit (Küng, von Stietencron 1999, (S. 94)).

Zu fragen ist, wie die Karma-Lehre mit der Weltuntergangstheorie der Inder, auf die wir noch näher eingehen werden, unter ein logisches Dach passt: „Das theoretische Problem, das mit einem Weltuntergang ja auch alles Karma-Wirken beendet sein könnte, lösten die puranischen Theologen, indem sie das Karma auch über den Weltuntergang fortbestehen ließen. Wie ein unentfalteter Same wartet das Karma mit seiner Wirksamkeit, bis eine neue Welt entstanden ist, um sein Wirken fortzusetzen" (Buß 2009, (S. 112)).

4.4 – Wie der Hinduismus die Theodizee löst

Der Begriff „Theodizee" heißt „Rechtfertigung Gottes" und geht auf den Philosophen Gottfried Wilhelm Leibnitz zurück, war aber bereits in der Antike bekannt. Theodizee ist ein Grundproblem aller Religionen: Wieso gibt es Leid in der Welt, wenn es einen Gott gibt, der allmächtig und gut ist?

Das Christentum macht die Erbsünde für die Sterblichkeit der Menschen und für das Leid verantwortlich. „Freilich bleibt die Frage: Wie kann der Mensch sündigen, sich gegen Gott vergehen, wenn er doch sein Werk ist? Entweder hat Gott das so gewollt, dann ist er kein guter, gnädiger Gott, oder er hat es nicht gewollt, dann ist er nicht allmächtig". Ein Ausweg aus diesem Dilemma besteht darin, unschuldiges Leiden, als Bürde zu bewerten, die überkompensiert werden wird („Die Letzten werden die Ersten sein", Jesus).

Indien löst das Grundproblem einfach, nämlich durch den Glauben, dass jeder Mensch sein Schicksal selbst verursacht hat. „So erklärt sich für die Hindus, dass die einen gesund sind und im Wohlstand leben, andere krank und in tristen Verhältnissen, dass die einen weise und erfolgreich sind, die anderen unwissend und unbedeutend" (Hierzenberger 2011, (S. 44)). „Der sozialkritische Gedanke des „Zufalls der Geburt", wie er dem Schicksalsglauben des traditionalistischen Konfuzianismus mit okzidentalen Sozialreformern gemeinsam ist, fehlt in Indien fast völlig" (Weber 1916-1920/1998, (S. 87)).

Spiegelbildlich zu menschlichem Versagen ist das Gottesbild. Indien billigt Gott, der sich in der Schöpfung zeigt und damit nicht mehr das All-Eine, Unbeschreibliche und Ewige, sondern vielmehr Sterbliche ist, zu, Fehler machen zu dürfen. „Der Gott spielt, langweilt sich, wird „menschlich" und – beinahe unversehens – entsteht die Welt. „Er geht aus sich heraus, er verliebt sich, er begeht den Fehler, das Geschöpf zu erschaffen. Kurz: Wir sind der Fehler Gottes""(Michaels 2006, (S. 376) und Panikkar, zitiert in Michaels).

Durch den Akt der Schöpfung wird Gott oder werden die Götter selbst sterblich, während jenseits von Diesseits und Jenseits die ewige und unteilbare Weltseele regiert, in die bei der Erlösung des Menschen dessen Einzelseele eingeht. In den Mythen der Veden entstehen die Welt und Menschen aus den Körperteilen eines Urwesens, das sich gewissermaßen für seine Geschöpfe opfert. Und in den Weltzeitaltern der indischen Kosmologie haben die Götter nur eine beschränkte Lebenszeit.

Weil sich Gott für den Menschen zerteilt hat, „… muss der Mensch Gott zusammensetzen, um Unsterblichkeit haben zu können. Das geschieht auf verschiedenen Wegen: im Opfer, in der Erkenntnis von der Identität von Teil und Ganzem, in der unio mystica" (Michaels 2006, (S. 376)). Darunter ist die mystische Erfahrung der Einheit mit Gott zu verstehen, die man durch verschiedene Techniken gewinnen kann. Der ekstatische Tanz der islamischen Derwische fällt ebenso darunter wie die Meditation und Askese von Sadhus oder buddhistischen Mönchen.

4.5 – Opfer und Rituale

Seit der vedischen Zeit hat der Hinduismus eine reichhaltige Ritualpraxis hervorgebracht. „Hindu ist man nicht unbedingt durch das, was man glaubt, sondern durch das, was man tut … Die Ritualpraxis ist in hohem Maße davon abhängig, in welchem Lebensstadium sich ein Hindu befindet, welcher Kaste er angehört, ob er ein Asket oder Familienvater oder eine Frau ist und aus welcher Gegend er stammt" (Buß 2006, (S. 36)).

Die Rituale lassen sich unterscheiden in die sogenannten Übergangsrituale (samskaras) – diese fallen einmal im Leben an - , in Götterverehrung (zuhause oder im Tempel), Pilgerfahrten, Jahresfeste und Opfer. Die wichtigsten Übergangsrituale werden bei der Geburt, bei der Hochzeit und beim Tod praktiziert. Wichtig für Mitglieder der drei oberen Kasten ist auch – vergleichbar mit der Kommunion oder Konfirmation – die sogenannte zweite Geburt. Bei dieser wird dem heranwachsenden Jugendlichen die heilige Schnur verliehen, die er als äußeres Kennzeichen seines Standes trägt. Das Ritual „markiert zwei Übergänge: zum einen wird der Jugendliche nun zu einem vollwertigen Mitglied der Kastengemeinschaft, zum anderen gilt diese Initiation als zweite Geburt. Das bedeutet, dass die Hindus, die sich den oberen drei Kastengruppen zuordnen, eine zweite spirituelle Geburt durchlaufen, die sie über die anderen Kasten erhebt und ihnen das Hören und Studieren der

Veda erlaubt" (Buß 2006, (S. 189)). Insgesamt kennen die Hindus 16 Übergangsrituale.

Zu den schauerlichsten Ritualen zählt die mittlerweile verbotene und kaum mehr praktizierte Witwenverbrennung. In den frühen Ritualtexten heißt es, dass eine Frau solange als Frau wiedergeboren wird, bis sie sich einmal mit ihrem Ehemann auf dem Scheiterhaufen hat verbrennen lassen. Und erlöst werden könne man nur als Mann (Buß 2006, (S. 193)).

Das Ritual der Götterverehrung wird heute in Form einer sogenannten puja vollzogen, die sich aus einer Reihe von Handlungen zusammensetzt. Elemente sind z.B. Anrufung der Gottheit, Reichung von Wasser, Anlegen der heiligen Schnur, Versprenkeln von Wohlgerüchen, Gabe von Blüten, Entzünden und Schwenken von Räucherstäbchen, Gabe von Essen (Buß 2006, (S. 197)). Die puja kann zu Hause oder im Tempel im Beisein eines Priesters vollzogen werden. Dieser drückt den Gläubigen als Segen der Gottheit eine rote oder gelbe Paste auf die Stirn und reicht ihnen göttliche Nahrung in Form von Zuckerkügelchen (prasada). Bei speziellen Problemen wie Kinderlosigkeit und dem Wunsch nach einem Sohn oder nach Erfolg im Studium oder nach Beförderung werden eigene Tempel, Quellen oder Tempelteiche aufgesucht (Buß 2006, (S. 199)).

In Indien gibt es zahllose Orte, Flüsse, etc., die als heilig gelten und deshalb einen regen Pilgertourismus. Man sagt, die Inder seien ein Volk, das zur Hälfte auf Pilgerreise sei, während sich die andere Hälfte auf eine Pilgerreise vorbereite. Die berühmteste Pilgerstätte ist die Tempelstadt Varanasi (Benares), am heiligen Fluss Ganges gelegen, der von Sünden reinwaschen soll.

Das hinduistische Jahr ist reich an Festen, die dem Mondkalender folgen. Besonders bekannt sind das Frühlingsfest Holi (Februar/März), bei dem sich die fröhlichen und ausgelassenen Menschen gegenseitig mit Farbpulver beschmieren und mit gefärbten Wasserbomben bewerfen, Krishnas Geburtstag (Juli/August), das Fest zu Ehren des elefantenköpfigen Gottes Ganesha (August/September) sowie das Lichterfest Divali (Oktober/November) (Buß 2006, (S. 199)).

Last not least gibt es Opferrituale. „Gemeinsam ist den Hindureligionen auch die schon aus vedischer Zeit ererbte Erkenntnis, dass der Mensch in einen kosmischen Gesamtzusammenhang eingebettet ist, in dem er eine Aufgabe zu erfüllen hat. Damals glaubte man, er sei Glied einer Nahrungskette, die von den Göttern ausgeht, welche Regen, Licht und Fruchtbarkeit spenden, so dass Pflanzen wachsen, die den Tieren und Menschen als Nahrung dienen. Die Tiere wiederum bieten anderen Tieren und Menschen Nahrung. Was aber ist der Beitrag des Menschen? Seine Aufgabe ist es, den Nahrungskreislauf zu schließen, indem er durch seine Opfer die Ahnen und Götter speist, so dass diese wieder Segen und Fruchbarkeit zu spenden vermögen. Diese archaische Weltsicht mag sich inzwischen längst gewandelt haben. Geblieben ist aber das Bewußtsein, dass Menschen, Götter und Ahnen eine Opfergemeinschaft bilden, in welcher den Menschen die Rolle als Gastgeber zukommt" (Stietencron 2010, (S. 95)).

Während in der vedischen Zeit die Brahmanen als Opferpriester und Zauberer Tieropfer vollzogen – das zentrale Opfertier war damals übrigens die heute als heilig geltende Kuh – dominieren gegenwärtig meist vegetarische Opfer. Die blutigen Opfer werden heute nur von den unteren Kasten ausgeführt und nur besonders wilden Gottheiten dargeboten. Dazu zählen etwa Durga, Kali oder Bhairava (=Shiva in wilder Erscheinung)(Buß 2006, (S. 201)).

4.6 – Vielfalt von Heilszielen und Heilslehren

„Indien ist das typische Land des intellektuellen Ringens einzig und allein nach Weltanschauung in diesem eigentlichen Sinn des Wortes" (Weber 1916-1920/1998, (S. 254)). Es geht den indischen Intellektuellen primär um „philosophisches Wissen vom Sinn der Welt und des Lebens" (ebenda) und nicht um Wissen über die „Dinge dieser Welt, vom Alltag der Natur und des sozialen Lebens und den Gesetzen, die beide beherrschen" (ebenda).

Im Zentrum des indischen Interesses steht das höchste Heil im Diesseits wie im Jenseits. Die Inder haben deshalb ein breit gefächertes Spektrum an Heilslehren hervorgebracht. Sie sind ungewöhnlich tolerant in Bezug auf diese Lehren – bei gleichzeitiger Intoleranz im Sinne akribischer Vorschriften für Kasten und ihre Rituale (Weber 1916-1920/1998, (S. 254)).

„Sehen wir von den diesseitigen Heilsgütern des Hinduismus ab, so stellt er, als Einheit betrachtet, zum Mindesten drei einander anscheinend ausschließende jenseitige Heilsziele (nebst Unterarten) zur Wahl: Nämlich

1) Wiedergeburt zu neuem, endlichen und zeitlich begrenzten Leben auf der Erde in ebenso glücklicher oder glücklicherer Lage als es die dermalige ist. Oder - was für den Hindu im Gegensatz zum Christen unter die gleiche Kategorie gehört - Wiedergeburt in einem Paradies, a) in der Welt Gottes…oder b) nahe bei Gott…c) selbst zum Gott geworden, - mit dem gleichen Vorbehalt wie eine irdische Wiedergeburt, d. h. also auf begrenzte Zeit und so, dass nachher wieder eine Wiedergeburt auf der Erde folgt, -

2) zeitlich unbegrenzte Aufnahme in die selige Gegenwart eines überirdischen Gottes (Vishnu),

also Unsterblichkeit der individuellen Seele in einer der Formen a, b oder c,

3) Aufhören der individuellen Existenz und ... Aufgehen der Seele im All-Einen..." (Weber 1916-1920/1998, (S. 16)).

Welches Heilsziel der einzelne anstrebte, war primär eine Frage der gesellschaftlichen Schicht, der er angehörte. „Der orthodoxe und heterodoxe, hinduistische und buddhistische Gebildete... fand seine wahre Interessensphäre ganz außerhalb der Dinge dieser Welt. In der Suche nach dem mystischen zeitlosen Heil der Seele und dem Entrinnen aus dem sinnlosen Mechanismus des „Rades" des Daseins" (Weber 1916-1920/1998, (S. 260)). „Die Weltindifferenz war die gegebene Haltung, mochte sie nun die Form der äußerlichen Weltflucht annehmen oder die des zwar innerweltlichen, aber dabei weltindifferenten Handels: einer Bewährung also gegen die Welt und das eigene Tun, nicht in und durch beides" (Weber 1916-1920/1998, (S. 260)). Die Heilswege der Philosophen waren selbstvernichtende Askese und vor allem Gewinnung von Wissen durch Meditation. Allein diese zwei Heilswege führten nach Ansicht der orthodoxen Philosophenschulen, die andere Heilswege ebenfalls tolerierten, aus der karmischen Verkettung hinaus. (Weber 1916-1920/1998, (S. 132)).

Die Mittelstände, die von Intellektuellen beraten wurden, (Weber 1916-1920/1998, (S. 129)), hingen dem noch näher zu erläuternden Bkakti-Kult an. Sie strebten nach dem Eintritt des Individuums in ein ewiges Paradies, nach ewiger Wonne bei Krishna oder Rama oder dem Gott, der im Zentrum ihrer religiösen Anbetung stand. So waren etwa Gandhis letzte Worte an Rama gerichtet. Heilsweg der Bhakti-Gläubigen ist – neben dem korrekten Ritual – devote Hingabe an Gott.

„Der Kleinbürger und Bauer konnte …mit den Produkten der Soteriologie der vornehmen Bildungsschicht nichts anfangen. Am wenigsten mit der altbuddhistischen Soteriologie. Er dachte nicht daran, Nirwana zu begehren, ebenso wenig wie die Vereinigung mit dem Brahman. Und vor allem: Er hatte ja gar nicht die Mittel in der Hand, zu diesen Heilszielen zu gelangen. Denn dafür war Muße für die Meditation erforderlich, um die Gnosis zu erlangen. Diese Muße hatte er nicht…" (Weber 1916-1920/1998, (S. 260)). „Der in der Welt bleibende ritualistisch korrekte Laie (strebte…, d. V.) nach diesseitigem Heil für sich, jetzt und in der Wiedergeburt, für seine Vorfahren und für seine Nachkommen" (Weber 1916-1920/1998, (S. 129)). Heilsweg ist also das – gemäß der Kastenordnung korrekt durchgeführte – Ritual. Man spricht auch von Werkgerechtigkeit.

4.7 – Hinduismus – eine Mixtur aus Religionen

4.7.1 - Shivaismus und Vishnuismus als monotheistische Religionen

In Indien ist es zu diversen monotheistischen Strömungen gekommen. Bekannt ist der Shaktismus als Anbetung einer Göttin (vgl. Schlensog 2006, (S. 240 ff)). Prominenteste Beispiele sind der Shivaismus und Vishnuismus. Sie sind nach den Göttern Shiva und Vishnu benannt. Sie gehören wie Brahman, der eher eine subordinierte und mehr theoretische Rolle spielt, der sogenannten indischen Göttertrias an (Weber 1916 – 1920/1998, (S. 229). Sie wurden bereits in den Veden erwähnt, standen aber im Hintergrund gegenüber den populäreren Gottheiten, die sich im Götterhimmel der Arier tummeln (Weber 1916 – 1920/1998, (S. 227)).

Der monotheistische Charakter dieser sehr polaren geistigen Strömungen entsteht dadurch, dass entweder Shiva oder Vishnu die Rolle als Hochgott spielt, dem nicht nur die anderen beiden Götter der Götter-Trias untergeordnet werden, sondern alle Götter Indiens. Die subordinierten Götter spielen die Rolle als Erfüllungsgehilfen. Sie werden lediglich als Aspekte bzw. Erscheinungsformen oder Inkarnationen des jeweiligen Hochgottes begriffen (Weber 1916 – 1920/1998, (S. 17)).

Beide Hochgötter sind total gegensätzlich: Shiva – in den Veden als Rudra bezeichnet - galt den Ariern als bedrohliche Gottheit, die Krankheit, Tod und Zerstörung bringt (Stietencron 2010, (S. 62). Aus diesen Wurzeln heraus entstand der heutige Shiva, der ein asketischer, weltverneinender Erlösergott ist (Stietencron 2010, (S. 67). Typisch für Shivaismus ist „im Allgemeinen eine gewisse Kälte der Temperierung der Gefühlsbeziehung zum Gott. Shiva war kein Gott der Liebe und Gnade, und seine Verehrung nahm daher entweder ritualistische oder asketische oder kontemplative Formen an" (Weber 1916 – 1920/1998, (S. 233)).

Im Shivaismus herrscht der – noch näher zu erläuternde – Glaube vor, dass die Welt der Erscheinungen eine Illusion und dass höchstes Ziel die Verschmelzung der Individualseele atman mit der Weltenseele brahman sei. Im Diesseits erreiche man das durch Askese und Yoga und den Verzicht auf aktives Handeln in der Welt, im Jenseits durch das Ausscheiden aus dem Kreislauf der Wiedergeburten (samsara). Der Shivaismus ist daher eine Religion für philosophisch angehauchte Asketen und Yogis, die der Welt den Rücken kehren.

Neben der asketischen und kontemplativen Variante des Shivaismus als Religion für Einzelgänger hat es einen Volkskult gegeben, bei dem die „pathologische Kasteiung in pathologische Orgien" umgeschlagen ist und in dessen Mittelpunkt

„Blut-, Alkohol- und Sexualorgien" standen (Weber 1916 – 1920/1998, (S. 233 und 235)).

„Erlösung, das ist für die meisten Shivaiten Einswerdung mit Shiva. Sie kann sich in der Meditation oder Ekstase vollziehen... In beiden Zuständen wird die Welt für das individuelle Bewusstsein ausgelöscht, verbrannt, vernichtet. Daher steht für die Shivaisten nicht die Schöpfung, sondern die Zerstörung der Welt im Vordergrund... Denn Zerstörung ist Erlösung. Zerstörung ist Befreiung der Seele von den Fesseln des Daseins" (Küng und von Stietencron 1999, (S. 101)).

Vishnu dagegen galt bereits in den Veden als lichthafter, solarer Gott, der eine kosmogonische Rolle spielt (Stietencron 2010, (S. 41). „Vishnu war als alter Sonnengott eine Vegetationsgottheit mit unblutigem Kult, dagegen mit sexueller (Fruchtbarkeits-)Orgiastik" (Weber 1916 – 1920/1998, (S. 235)). Nach Vorstellung der Hindus ist der Urmensch purusha ein Teil Vishnus. Nach der indischen Mythologie opferte sich purusha und aus seinen Teilen ist die Welt und alles Lebendige hervorgegangen, auch die vier Kasten (Stietencron 2010, (S. 67)).

Vishnuisten lehnen die shivaistische Hypothese ab, wonach die Erscheinungen Illusion seien. Nach dem vishnuistischen Philosophen Madhva (1199 – 1278) ist „die Welt ... nicht bloßer Schein, sondern real. Aber auch die Identität der Seele mit brahman... ist ein Irrtum, ebenso wie die Behauptung, dass die Seele in der Erlösung mit Gott verschmelze. Die Erlösung bewirkt vielmehr, dass die Seele in die Gegenwart Gottes gelangt und in seiner Anschauung unendliches Glück empfindet. Mit Gott verschmelzen, in Gott eingehen, kann das erwünschte Ziel nicht sein. Man möchte ja auch nicht Zucker werden, sondern Zucker schmecken!"(Stietencron 2010, (S. 67)).

Ein anderer bedeutsamer vishnuistischer Religionsgelehrte war Ramajuna (1050 – 1135), der die Lehre von der Welt als Illusion ebenso ablehnte wie das Kastensystem." In der Doktrin wich Ramajuna von dem vedantischen System Shankaras, welches hinter den letztlich zur Maya-Welt gehörigen persönlichen Gott das unerforschliche attributlose Brahman setzte, insofern ab, als diese Welt keine kosmische Illusion, sondern der Leib und die Offenbarung des Göttlichen, der persönliche Gott (Parabrahma) eine Realität und ein Weltregent, nicht ein Teil der Maya-Welt ist. Maya und unpersönliches Göttliches gelten als Produkte „liebloser" Lehre. Demgemäß wird als Heilsgut Unsterblichkeit, nicht Aufgehen im Göttlichen, verheißen" (Weber 1916-1920/1998, (S. 238 f.)).

Die Vishnuisten halten nicht nur unsere Welt für real und von Vishnu spielerisch erschaffen. Es gibt sogar die Vorstellung „von ungezählten Welten, die nebeneinander entstehen und vergehen wie Luftblasen im Wasser oder wie Lotosblüten auf einem Teich" (Stietencron 2010, (S. 76)). Dieser

Ansatz findet sein Pendant in der modernen Kosmologie des 21. Jahrhunderts, wie wir später noch sehen werden.

Die Vishnuisten haben auch eine Vorstellung vom Verhältnis zwischen Gott und Mensch: „Alle Wesen... sind in Vishnu, er aber ist nicht in ihnen. Damit soll ausgedrückt werden, dass Vishnu zwar als unerkannter Beweger und als Zeuge allen Tuns mit einem Bruchteil seines Wesens in jedem einzelnen Lebewesen präsent ist, selbst aber so überwältigend groß ist, dass keines dieser Wesen ihn zu fassen vermag" (Stietencron 2010, (S. 76)). Er inkarniert sich selbst in diese Welt. Der indische Vishnu gleicht dem islamischen Allah. Allerdings lehnen der Islam und Sikhismus – anders als der Hinduismus - Inkarnationen des höchsten Gottes ab.

Im 4. Jh. n. Chr., als die Guptadynastie in Indien herrschte, wurde die uferlose Zahl an Inkarnationen Vishnus auf die berühmten zehn begrenzt. Demnach hat sich Vishnu inkarniert (im ersten Weltzeitalter) als Fisch, Schildkröte, Eber, Mannlöwe, (im zweiten Weltzeitalter) als Zwerg, Rama mit der Axt, Rama, (im dritten Weltzeitalter) als Krishna und (im vierten Weltzeitalter) als Buddha. Die 10. Inkarnation als Kalki – einem Reiter – der nach einer apokalyptischen Zerstörung ein neues, besseres Zeitalter einleitet – steht noch aus (Schlensog 2006, (S.232 ff.)). Diese letzte Inkarnation ähnelt der jüdischen und christlichen Vision eines Messias, der auf einem weißen Pferd durch das Goldene Tor in Jerusalem einreitet und die Menschheit errettet.

Aus den Inkarnationen Vishnus als Rama und Krishna haben sich in der indischen Religionsgeschichte die breiten Strömungen einer aufkommenden Heilandsreligiosität entwickelt, die auf breitere Massen übergriff. Von diesen wird nunmehr die Rede sein.

4.7.2 – Heilande, Erlöser und Bakthi

„Spätestens gegen Ende des 5. Jh. v. Chr. gibt es in Nordindien eine religiöse Bewegung, welche… Krishna als Gottheit verehrt… Er ist keine vedische Gottheit, sondern eine Volksgottheit, ein göttlicher Heros, bekannt aus dem Epos Mahabarata…"(Stietencron 2010, (S. 53)). Krishna ähnelt Jesus. Auch er hat eine Doppelnatur als Mensch gewordener Gott, als Inkarnation Gottes. Auch er steht im Zentrum einer Heilandsreligiosität, die auf Liebe und Gnade fußt.

Während Jesus auch die Nächstenliebe einbezieht und sogar predigt, seine Feinde zu lieben, steht bei der Krishna-Verehrung die inbrünstige Liebe zu Gott im Zentrum, der als „Gegenleistung" Gnade spendet, Sünden vergibt und sogar das Gesetz des Karmas außer Kraft setzen kann. „Nur wer Krishna selbst verehrt, gelangt (nach dem Tod) zu ihm", heißt es in der Bhagavad Gita (zitiert nach Stietencron 2010, (S. 55)). „Ursprung und Ziel der Seelenwanderung sind hier neu und eindeutig bestimmt: Krishna allein ist der Ursprung und das Ziel.

Und doch ist Krishna auch Mensch. Das Eintreten Gottes in die Geschichte dient einem Zweck, nämlich der Wiederherstellung... der religiös begründeten moralischen und sozialen Ordnung... Die eigentlichen Gegner dieser Ordnung sind die Nihilisten, Atheisten und Leugner eines göttlichen Selbst im Menschen" (Stietencron 2010, (S. 55)). Man sollte hinzufügen: Und jene „Gläubigen", die ihren Mitmenschen Schaden zufügen, sei es aus Bosheit, Habsucht, Machtgier, Dummheit und Intoleranz oder aufgrund von religiösem Fanatismus und Dogmatismus.

Krishnaismus ist eine religiöse Orientierung, die „sowohl dem Materialismus als auch der asketischen Weltflucht eine Absage erteilt und die Menschen zu pflichtbewusstem Handeln in der Welt aufruft. Die gefürchteten Folgen des Tuns, die den Menschen durch gutes oder schlechtes Karma an den Kreislauf der Wiedergeburten bindet, treten nach der Bhagavadgita nicht auf, wenn man selbstlos handelt, ausschließlich seiner Pflicht folgt und die Früchte des Tuns der Gottheit überlässt, die ohnehin letztlich der einzig Handelnde in allen Wesen ist" (Stietencron 2010, (S. 54)).

Neben Krishna sowie auch Buddha ist eine dritte Inkarnation Vishnus als Mensch für Indiens Religionsgeschichte bedeutsam. Das indische Heldenepos Ramayana, das weit über den Subkontinent hinaus populär ist, kreist um den königlichen Helden Rama und seine Ehefrau Sita. Rama hat – wie Krishna – ebenfalls die Aufgabe, „das Überhandnehmen von Unrecht und dämonischen Übergriffen zu beenden und die göttliche Ordnung wieder herzustellen" (Stietencron 2010, (S. 59)).

Nach der Anschauung von Ramaisten (wie auch von Muslimen) ist letzlich alles vorbestimmt, das Rechte wie das Unrechte: „Weder Himmel noch Hölle soll man absichtsvoll suchen, da alles vorbestimmt ist, und nur die Fähigkeit spiritueller Liebe zu Rama, die Unterdrückung der Begierden, der Illusionen und des Stolzes gewährleisten den Gnadenstand" (Weber 1916 – 1920/1998, (S. 241)).

Die Heilandsreligionen, die um Krishna und Rama kreisen, sind die prominentesten Beispiele für die sogenannte „Bhakti"-Bewegung in Indien. Ganz allgemein steht bei Bhakti irgendein Gott im Zentrum der Verehrung, dem man sich hingibt und der im Gegenzug Gnade spendet. Bhakti hat eine größere Breitenwirkung als die shivaistischen und vishnuistischen Sektenreligionen. Bhakti spricht einfachere Menschen an: moralisch anständige Menschen mit tief empfundener Gläubigkeit sowie scheinheilige Sünder, die dem Gesetz des Karmas entrinnen möchten und die die allmächtige Gottheit durch Verehrung dazu bringen wollen, Gnade walten zu lassen.

Der Bakthi-Kult ist eine Gegenbewegung zu vedisch-brahmanischen Traditionen. Er kam in Südindien im 7. Jh. n. Chr. auf und hat sich dann im 12./13. Jh. auch in Nordindien ausgebreitet. Die Bakthi-Religiosität setzt ein anderes Gottesbild voraus als es bei den Opferritualen der vedischen Brahmanen der Fall ist: „War dort das Verhältnis zwischen Gläubigem und Gott eher eine Art Vertragsverhältnis, so hat im Devotionalismus der Hochgott höchste, alleinige Macht, der man sich unterwirft und auf die man vertraut" (Michaels 2006, (S. 281)). Bhakti wird innerhalb des Systems der Heilslehren als eigener Weg betrachtet, um Erlösung zu finden und die Einzelseele mit der Weltenseele zu vereinen.

4.7.3 – Volksreligion und Polytheismus

„Die Masse der Hindus kennt Shiva und Vishnu zuweilen nicht einmal dem Namen nach; sie versteht unter Erlösung allenfalls eine günstige Wiedergeburt, und gerade diese ist, der alten hinduistischen Soteriologie entsprechend, nach seiner Ansicht lediglich sein eigenes Werk, nicht das des Gottes. Von seinem lokalen Dorfgott erwartet er die Spendung von Regen und Sonnenschein, vom Familiengott… Hilfe in sonstigen Alltagsnöten (Weber 1916-1920/1998, (S. 252)). Demgemäß hat sich – neben den schon skizzierten Strömungen – eine Volksreligion herausgebildet, die aber keineswegs monolithischen Charakter hat.

„Die Volksreligion ist in Indien alles andere als einheitlich. Je nach Region herrschen unterschiedliche Gottheiten, die sich nach Name, Mythos und Temperament unterscheiden. Nur eines ist ihnen gemeinsam: Sie sind mächtig, bald gütig, bald gefährlich, und diese Macht ist präsent in Bereichen, welche die täglichen Bedürfnisse im ländlichen Lebensraum Indiens unmittelbar berühren. Was hier Angst auslöst, hat sich seit Jahrtausenden nur wenig verändert; was hier ersehnt wird, ist lebensnah und körperbezogen: den Hunger zu stillen, den Durst zu löschen, die Krankheit zu bannen und den Tod fernzuhalten.

Die Menschen auf dem Lande in Indien sind trotz aller inzwischen zur Verfügung stehenden technischen Hilfsmittel noch immer in hohem Maße abhängig von der Natur. In den Reisbaugebieten wird der Reis, kurz bevor der Monsun ausbricht, in kleine, künstlich bewässerte Felder gesät. Ist er 20-30 cm hoch gewachsen, muss er in die großen, inzwischen vom Regen aufgeweichten Felder ausgepflanzt werden. Bleibt aber der Monsun aus oder kommt er nur zwei Wochen zu spät, so stirbt mit der Aussaat auch die Hoffnung der durstigen, hungrigen Menschen. Kommt dagegen der Monsun zu schnell oder zu heftig, so führt er die pulvertrockene Erde mit sich fort, reißt Hütten,

Habe und Haustiere der Bauern mit sich und begräbt Leben, Besitz, Hoffnung im Schlamm einer unerbittlichen Katastrophe.

Gefahren lauern schon bei der Geburt eines Kindes und verfolgen den Menschen das ganze Leben hindurch. Cholera, Malaria oder gar Lepra waren und sind vielerorts tückische Feinde. Armut und Elend gibt es an jeder Ecke. Schlangen, unbefriedete Ahnengeister und blutdürstige Dämonen machen die Wege unsicher. Tagsüber vertreibt zwar die Sonne das lichtscheue Gesindel, saugt aber im April bis Juni durch ihre sengende Hitze die letzte Kraft aus den dürstenden Menschen. Die Bedrohung ist ständig gegenwärtig. Sie macht die Bewohner hilflos und schutzbedürftig, und dieses Bedürfnis bietet einer Reihe von Gottheiten ihren Wirkungsraum, die in Bäumen, Steinen, Felsen und Quellen verehrt werden, und die man besänftigen muss, damit sie kein Übel senden. Hier kommt das größte Gewicht den jeweils eine begrenzte Region beherrschenden Gottheiten zu, die oft auch Clan-Gottheiten sind" (Stietencron 2010, (S. 101 f.))

Neben diesen Regionalgottheiten spielen Götter eine Rolle, die weiter verbreitet sind. So sehen sich die Inder etwa dem Wirken zahlreicher Krankheitsgöttinnen ausgesetzt, die sie gnädig stimmen möchten. Göttinnen, wie etwa die blutrünstige Kali, werden in Indien besonders gefürchtet. Dies liegt an der ambivalenten Einstellung der Inder gegenüber dem Weiblichen (Stietencron 2010, (S. 103)). Obwohl Frauen als Mütter von Söhnen verehrt werden, stuft der Inder Frauen als potentiell bedrohlich ein. Die Brahmanen befürchteten nämlich, dass Frauen spirituelle Energie aufzehren würden, was hinderlich für die Erlösung wäre.

Im Gegensatz zu den monotheistischen Religionen Indiens ist die Volksreligion lokale Religion. Sie besitzt keine Theologie als theoretischen Rahmen für die Einordnung von Gott und Mensch. „Sie besitzt folglich auch keine ausgebildete Kosmogonie, keine Anthropologie, keine über den Ahnenkult hinausgehende Jenseitserwartung… Angst und Gefahr für gegenwärtiges Leben, Hunger, Durst, Krankheit und Tod sind die treibenden Kräfte religiösen Handelns… Die Gottheiten der Volksreligion verlangen Verehrung und Opfer…"(Stietencron 2010, (S. 106)).

4.7.4 – Die Welt als Illusion und das All-Eine hinter dem Schleier

Wie schon herausgearbeitet, ist der Hinduismus eine Universalreligion. „Um eine derart lockere Reihung gegensätzlicher Welt- und Gotteserklärungen innerhalb einer einzigen Religion dauerhaft zusammenzuhalten, bedurfte es entsprechend großer Denkanstrengungen. Es hat mehr als ein Jahrtausend gebraucht, bis die Priesterkaste der Brahmanen die… geistige Verklammerung geschaffen hat. Die entscheidende krönende Leistung in diesem Sinne ist unlösbar mit dem Brahmanen Shankara verknüpft. Historiker datieren seine Lebenszeit nach nur unzureichend gesicherten Quellen auf die Jahre 768 bis 800 (n. Ch., d. V.), demnach wäre er nur 32 Jahre alt geworden" (Schweizer 2002, (S. 309)). Nach Max Weber starb Shankara aber erst 32 Jahre nach Beginn seiner Reformtätigkeit (Weber 1916-1920, (S. 229)).

„Shankara lehrt die sogenannte „zweistufige Wahrheit". Der Mensch, so sagt er, könne mit seinem begrenzten Bewusstsein die Gottheit nicht wahrnehmen, wie sie beschaffen sei, sondern als Erscheinungsform, als „Illusion", durch den Schleier der Maya getrübt. Je stärker sein Erkenntnisvermögen an irdische Denkgewohnheiten gebunden bleibe, umso mehr neige er dazu, die ihm vertraute Erscheinungsform – ob Shiva, ob Vishnu oder eine völlig andere Gottheit – als „Wahrheit" schlechthin zu verstehen. Nur der wahrhaft Weise könne sich durch lebenslange Meditation aus diesen Illusionen lösen, den Schleier der Maya durchstoßen und erkennen, dass hinter allen Gegensätzen das Brahman, das unpersönliche All-Eine stehe.

Alle Religionen und Philosophien seien lediglich Teilaspekte des „Einen", lediglich Vorstufe der absoluten Wahrheit. Wenn auch nach den Maßstäben der menschlichen Vernunft die Unterschiede zwischen den Religionen weiterhin als unauflösbare Widersprüche erscheinen, so seien diese Diskrepanzen nur als „äußerlich", als ein „trügerisches" Gaukelspiel der Sinne zu verstehen. Man könne durch Meditation die „Oberfläche" logischer Begrifflichkeit hinter sich lassen und zu einer tieferen, nur mystisch erfahrbaren Wirklichkeit jenseits aller Worte vordringen" (Schweizer 2002, (S. 309 f)) und Weber 1916-1920/1998 (S. 130)).

Erkennendes und Erkanntes verschmelzen in dieser höheren mystischen Erfahrung zu einer Ganzheit, während im Zustand des niedrigeren Wissens – das ist unsere empirische Alltagserfahrung – beides fälschlicherweise als Dualität erscheint (Schlensog 2006, (S. 271)). Die empirische Welt erscheint nur solange als real, wie sie nicht durch höheres Wissen als Fata Morgana erkannt worden ist.

Freilich gibt es auch andere Lehrmeinungen, die die Welt nicht als Schein, sondern als „Objektivierung der Gedanken Gottes" interpretieren (Kulke und Rothermund 2010, (S. 192)). Diese Sichtweise findet sich beim sogenannten „Kaschmirischen Shivaismus", der im 9. Jahrhundert in Nordindien aufkam (ebenda). Vor allem aber hängen dieser Ansicht viele Vishnuisten an (ebenda, (S. 190)).

4.8 – Askese und Yoga

Im Zentrum der shivaistischen Heilswege stehen Askese und Yoga. "Immer handelte es sich darum, von der Welt der Sinne, der seelischen Erregungen, Leidenschaften, der Triebe und Strebungen, der nach Mitteln und Zwecken geordneten Erwägungen des Alltagslebens loszukommen, um dadurch die Vorbedingungen zu schaffen für einen Endzustand, der ewige Ruhe bedeutet: die Erlösung (moksha, mukti) von diesem Getriebe, die Vereinigung mit dem Göttlichen" (Weber 1916-1920/1998, (S. 122)).

Asketen steigen aus der Gesellschaft aus, leben vom Betteln und verbringen ihr Leben auf Wanderschaft, ehe sie sich zum Sterben in die Wälder zurückziehen. Sie sind ausschließlich auf Erlösung fixiert. Sie versuchen, durch die Absage an die Welt ihr restliches karma zu verbrauchen, um aus dem Kreislauf der Wiedergeburten auszuscheiden und mit der Weltenseele zu verschmelzen. „Zur Vernichtung des bestehenden Karmas sind neben der Meditation asketische Praktiken, die vom Nahrungsmittelentzug über extreme Hitze oder Kälte bis zu dem jahrelangen Verharren in einer Position reichen" (Buß 2009, (S. 36 sowie S. 180)). Bekannt geworden ist z. B der Fall eines Asketen, der jahrzehntelang den Arm in die Höhe streckte, bis dieser abgestorben ist. Andere Asketen betreiben etwa restriktive Nahrungspraktiken. So ist der sogenannte „Milchbaba" Legende, der sich ausschließlich von Milch ernährt und beim shivaistischen Pashupatinath Tempel in Kathmandu lebt.

In der Yogalehre wird zwischen 7 Elementen differenziert: Selbstbeherrschung (=äußere Disziplin), Zucht (=innere Disziplin), Sitzhaltung, Atemkontrolle, Sinneskontrolle, Konzentration und Meditation (Hierzenberger 2011, (S. 68 - 70); vgl. auch Schlensog 2006, (S 259)).

Ziel der Yoga-Übungen ist es, das Stadium der Versenkung zu erreichen, das sich an diese 7 Elemente anschließt. Das mystische Phänomen der Versenkung soll durch das Zusammenfallen der Gegensätze charakterisierbar sein, durch die Aufhebung der Subjekt-Objektspaltung, durch die Erfahrung der Ganzheit. Seriöse Meditationserfahrene berichten, dass sie durch Meditation zu harmonischeren glücklicheren Menschen geworden sind, die innere Freiheit erreicht hätten. In der Literatur wird ferner behauptet, dass der Yogi in diesem Zustand wunderbare parapsychologische Kräfte erwirbt. Seriöse Meditationserfahrene bestätigen diese Behauptungen allerdings nicht. Vermutlich sind die Berichterstatter Scharlatanen und Aufschneidern auf den Leim gekrochen.

4.9 – Die hinduistische Kosmologie und das Denken in Weltzeitaltern und ewigen abwärtsgerichteten Zyklen

Der Kosmologie der Inder liegt die Vorstellung von einem „grenzenlosen Zeitozean" (Schweizer 2001a, (S. 126)) zugrunde: „Während der Mensch nach hinduistischer Anschauung von Wiedergeburt zu Wiedergeburt wandert und so in seinem persönlichen Kreislauf gefangen ist, ereignet sich auch in einem größeren Rahmen eine Form der ständigen Wiederholung" (Buß 2009, (S. 112); Schlensog 2006, (S. 204 ff.)). Insbesondere in den beiden Epen Mahabharata und Ramayana sowie in den Puranas wird die hinduistische Vorstellung vom Kosmos erläutert (Buß 2009, (S. 106)).

„Die hinduistische Mythologie kennt auch zwei Kategorien von Göttern: Eher untergeordnete Götter, die dem zyklischen Kreislauf von Werden und Vergehen unterworfen sind, und die großen Götter und Mächte, die das Werden und Vergehen verursachen, sogar in ihrer Substanz identisch sind mit der Welt und deshalb außerhalb des Zyklus stehen. Schließlich kann ein Seiendes nicht aus dem Nicht-Sein entstehen und eine letzte Essenz allen Seins, eine höchste Gottheit oder ein Weltengrund stehen deshalb am Anfang und am Ende allen Werdens und damit außerhalb der dynamischen Entwicklung…

Der Kosmos gilt als einem zyklischen Werden und Vergehen unterworfen. Das passiert, indem die Welt durch ein Absolutes entsteht oder von einem Gott geschaffen wird, dann einen Ablauf verschiedener Zeitalter durchmacht und schließlich komplett zerstört wird. Eine Zeitlang kehrt das Universum und die es bewohnenden Wesen in einen Ruhezustand zurück, bis die Welt erneut erschaffen wird und ein neues Weltzeitalter beginnt" (Buß 2009, (S. 112)).

In den Puranas werden vier verschiedene Varianten von Schöpfungsmythen entwickelt:

- „Vishnu erwacht aus seinem kosmischen Schlaf und beginnt die Schöpfung.

- Die dualen Prinzipien Urmaterie (prakriti) und Geist (purusha) reagieren miteinander und bringen die Schöpfung in Gang.

- Ein Urei enthält die ganze Schöpfung.

- Einer der Götter lässt die Welt aus seinem Körper entstehen " (Buß 2009, (S. 112 f.); Näheres zu diesen Mythen findet sich bei Buß 2009, (S. 122 ff:)).

„Im Hinblick auf die Zeitvorstellungen (in der Welt, in der wir leben oder in „unserem" Kosmos, d. V.,) sind zwei verschiedene Vorstellungen wichtig: nämlich die vier Weltzeitalter (yuga) sowie die vierzehn Manu-Zeitalter (manvantaras)" (Buß 2009, (S. 115)).

Die Lehre von den vier Weltzeitaltern und vom zyklischen Ablauf der Geschichte stammt aus dem Vorderen Orient, sie war schon bei Sumerern und Babyloniern bezeugt und ist über Persien nach Indien gelangt. (Stietencron 2010, (S. 44)). Die Inder entwickelten zwischen 400 und 100 v. Chr. die Vorstellung von einer „ständig abnehmende(n, d. V.) Lebensqualität in jeglicher Hinsicht bis zur völligen Zerstörung der Welt. Deshalb hat auch jedes Weltzeitalter (yuga) eigene Regeln und Vorschriften... ...Nach der Erschaffung der Welt beginnt das beste Zeitalter, das (1 728 000 menschliche Jahre währende, d. V.) Krita-Yuga, dann folgen (1 296 000 Jahre dauernde, d. V.) Treta-, Dvapara- (864 000 lang, d. V.) und schließlich das Kali-Yuga, (das 432 000 Jahre anhalten soll, d. V.): nach hinduistischer Lehre unser gegenwärtiges Zeitalter, das im Jahr 3102 v. Chr. begann". (Buß 2009,(S. 115 f.); vgl. auch Schlensog 2006, (S. 203 ff.)).

Die Auffassung, dass die Menschheit an einem Tiefpunkt der Entwicklung angekommen sei, reflektiert die Sichtweise der Brahmanen aus der damaligen Zeit, in der fremde Dynastien herrschten, die nicht der Kriegerkaste angehörten und die mit den Jains, Buddhisten und Nihilisten sympathisierten (Stietencron 2010, (S. 45)).

Wenn die Welt untergegangen ist, wird sie – in einem nächsten Zyklus - wieder neu erschaffen. „Abgesehen davon, dass dieser Zyklus immer wieder abläuft, also eine inhärente Dynamik hat, wird in den Aussagen über die yugas auch betont, dass vor allem die Gier und Selbstsucht der Menschen dazu führt, dass die Lebensqualität immer mehr abnimmt, die Moral verfällt und die Menschheit schließlich in einem Chaos von Gier, Krieg und Lüge versinkt, bis nur noch der Weltuntergang hilft. Die Dauer der yugas nimmt ebenso wie die Rechtschaffenheit des Menschen jeweils um ein Viertel ab" (Buß 2009, (S. 115 f.); siehe auch Küng und von Stietencron 1999, (S. 87)).

Diese Lehre vom Sittenverfall wirft ein theologisches Problem auf: Wie kann es ein Gott zulassen, dass die von ihm geschaffene Welt dem Verderben entgegengeht? Um die moralische Ordnung zu retten, ist eine göttliche Interventionslehre entwickelt worden. Hier sind die 10 Inkarnationen des Gottes Vishnu einzuordnen, die auf die Guptazeit zurückzuführen sind, darunter die als Rama und Krishna.

Zwischen der Lebenszeit der Menschen und der Götter besteht ein fester „Umrechnungskurs". „Es heißt, dass die Lebenszeit von Brahma 12 000 göttliche Jahre beträgt. Ein Brahmajahr hat aber 360 menschliche Jahre und damit umfasst seine Lebenszeit 4 320 000 menschliche Jahre"(Buß 2009, (S. 115)). Zu dieser Zahl gelangt man auch, wenn man die veranschlagten Zeitspannen der yugas addiert (1 728 000 + 1 296 000 + 864 000 + 432 000).

„Mit den Manu-Zeitaltern (manvantaras) gibt es eine weitere Vorstellung, die mit den anderen zeitlichen Vorstellungen aber nicht unbedingt vereinheitlicht dargestellt wird, sondern eher als eine weitere Vorstellung daneben steht. Hier wird angenommen, dass es vierzehn Zeitalter gibt, die jeweils von einem anderen halbgottähnlichen König oder Ahnherrn der Menschheit, einem Manu, angeführt wurden und werden. Sechs dieser Zeitalter sind vergangen und im siebten befinden wir uns gerade unter der Herrschaft von Manu Vaivasvata, (dem Gesetzgeber, der in grauer Vorzeit die Lebensregeln der Hindus formuliert hat, d. V.)… Diese Erdenherrscher werden auch als Einführer des dharmas, also der weltlichen und kosmischen Gerechtigkeit angesehen" (Buß 2009, (S. 116)).

4.10 – Wie die hinduistische Gesellschaft organisiert ist

4.10.1 - Die Kastenordnung der Hindus

Im Hinduismus hat sich eine Einteilung der Bevölkerung nach sogenannten Kasten herausgebildet. „Wann genau die Unterteilung der hinduistischen Gesellschaft in Kasten erfolgte, ist nicht mehr exakt nachzuvollziehen. Möglicherweise waren schon die Arier, als sie in Indien eindrangen, in zwei Klassen gegliedert: In die „Edlen" und in Leute aus dem gewöhnlichen Volk.

Die Arier unterwarfen die in Indien ansässigen dunkelhäutigeren Völker und bezeichneten sie als dasa oder dasya, Sklaven. Die Unterdrückten wurden folglich den untersten sozialen Klassen zugeordnet"(Krack 2001, (S. 23)).

„Kodifiziert wurde das Kastensystem im Gesetzbuch des Manu…, der weitgehend auch als Urheber dieses rigiden sozialen Systems betrachtet wird. In seinem Gesetzbuch liefert Manu eine Erklärung zum Ursprung der verschiedenen Kasten: „Zum Zwecke des Wohlstands in den Welten", schrieb Manu, „ließ (Brahma) den Brahmanen, den Kshatriya, den Vaishya und den Shudra (respektive) aus seinem Mund, seinen Armem, seinen Hüften und seinen Füssen entstehen". Damit waren die vier Hauptkasten des Hinduismus geschaffen. Da die Brahmanen aus dem Mund oder Kopf Brahmas entstanden waren, galten sie als „Kopf" der hinduistischen Gesellschaft. Am untersten Ende stand das gemeine Fußvolk, die Shudras oder Arbeiter, die den drei oberen Kasten zu dienen hatten"(Krack 2001, (S. 49)).

Der Begriff „Kaste" kommt aus dem Portugiesischen (von casta/lateinisch: castus , rein, in Hindi: varna, Farbe) und wird für die vier Hauptkasten verwendet. Die Portugiesen kamen im 16. Jahrhundert im Gefolge des Seefahrers Vasco di Gama an die Gestade Indiens, ließen sich an der Westküste nieder und gründeten Kolonien wie z.B. Goa und Diu (Näheres bei Siebert 2007).

„Die Mitglieder der verschiedenen Kasten unterlagen zahllosen Verpflichtungen, die Manu penibel aufzählte. Zudem konnten sie auch nur streng festgelegte Arbeiten verrichten: So waren die Brahmanen Priester und Gelehrte, die sich dem Studium der Veden zu widmen hatten. Die Kshatriyas waren Krieger und mussten das Volk beschützen. Die Vaishyas waren Bauern, Viehzüchter, Händler und Geldverleiher und die Shudras niedere Arbeiter...

...Außerhalb dieser vier Hauptkasten waren die „Unberührbaren" angesiedelt. Diese wurden als spirituell so unrein angesehen, dass selbst ihr Schatten nicht auf einen Hochkastigen fallen durfte. Gingen Unberührbare durch die Straßen, so mussten sie die Höherkastigen vor der von ihnen ausgehenden Gefahr warnen. Passenderweise war ihnen nur die Verrichtung „unreiner" Arbeiten erlaubt, so die Reinigung von Straßen, die Fäkalbeseitigung, die Verarbeitung von toten Tieren und die Leichenbeseitigung" (Krack 2001, (S. 49)). Sie wohnten außerhalb des Dorfbezirks und durften auch die Tempel nicht betreten (Weber 1916-1920/1998, (S. 31)).

„Auch die Justiz verurteilte die Mitglieder verschiedener Kasten anhand verschiedener Maßstäbe. Ein Brahmane, der einen Mord begangen hatte, wurde nur mit einer Geldstrafe belegt, wohingegen ein Niederkastiger, der einen Brahmanen getötet hatte, zu Tote gefoltert werden konnte" (Krack

2001, (S. 47 f)). Hatte der Brahmane einen Shudra getötet, konnte er sich mit nur zehn Kühen freikaufen. „Letzteres war jedoch mehr oder weniger freiwillig, denn einen Shudra zu töten galt als ebenso harmlos wie das Töten einer Katze oder eines Frosches. Sollte sich ein Shudra ermuntert fühlen, „die Brahmanen arroganterweise ihre Pflichten zu lehren", so sollte ihm kochendes Öl in Mund und Ohren gegossen werden". (Krack 2001, (S. 49)).

Für große soziale Distanzen in der traditionellen Hindugesellschaft sorgte das Verbot der Kommensialität (Tischgemeinschaft) und Konnubium (Ehegemeinschaft) von Mitgliedern verschiedener Kasten. (Weede 2000, (S.191)). „Die hinduistischen Speiseregeln sind nicht ganz einfacher Natur und betreffen keineswegs nur die Frage, 1) was man und 2) wer zusammen am gleichen Tisch essen darf, - was am strengsten, meist auf Angehörige der gleichen Kaste beschränkt ist, - sondern, und vor allem, die weiteren Fragen: 3) aus wessen Hand man Speise bestimmter Art nehmen kann... und 4) wessen bloßer Blick auf das Essen auszuschließen ist" (Weber 1916-1920/1998, (S. 30)). Die eingebildete Gefahr, sich durch Verstoß gegen die Essensvorschriften spirituell zu verunreinigen, war für die Brahmanen besonders hoch.

So heißt es etwa zur Essensregel 3 in Manus Gesetzeswerk: „Ein Brahmane darf niemals essen...

Nahrung an der eine Kuh gegessen hat... auch nicht Nahrung, die von einem Dieb gegeben wurde, von einem Musiker, einem Zimmermann, einem Zinswucherer, einem der zu den Shrauta-Opfern initiiert wurde, einem Geizhals, von jemandem der in Ketten gebunden ist, von jemandem, der einer Todsünde bezichtigt wird, von einem Hermaphroditen, einer unkeuschen Frau... genauso wenig das Essen, überreicht von einem Arzt, einem Jäger... von einem Schauspieler, einem Schneider, oder einem undankbaren Mann, ...von einer Frau, die keine männlichen Anverwandten hat,...von Leuten, die Jagdhunde ausbilden, von Gastwirten, von einem Wäscher, einem Färber, einem gnadenlosen Mann, einem Mann, in dessen Haus der Geliebte seiner Frau lebt, auch nicht von Männern, deren Frauen ohne ihr Mitwissen Geliebte haben, und auch nicht von solchen Männern, die in allem Dingen von Frauen beherrscht werden..." (aus dem Gesetzbuch des Manu, zitiert nach Krack 2001, S. 50)).

Die Furcht der Höherkastigen vor spiritueller Verunreinigung geht so weit, dass Unberührbare oft kilometerlange Gewaltmärsche bei sengender Hitze in Kauf nehmen mussten und müssen, um sich mit Wasser zu versorgen, denn der Zugang zu den Dorfbrunnen war und ist ihnen meist immer noch untersagt. Verstöße dagegen werden immer noch oft mit Steinigungen und anderen Tötungsdelikten sanktioniert, vor allem in den rückständigen Ländern Bihar und Uttar Pradesh. Dort ist es auch an der Tagesordnung, dass Brahmanen-Banden bei den Sudhras und Unberührbaren Schlägertrupps vorbeischicken, die deren Häuser abbrennen und die Frauen vergewaltigen. Auch waren die den Indern heiligen Tempel für Niederkastige Tabuzone. Daran hat sich erst durch die Tempelbauten des Großindustriellen Birla etwas geändert, der dort das Verbot aufgehoben hat.

Den Diskriminierungen, unter denen die Shudhras und Unberührbaren zu leiden hatten und haben, stehen die Pfründen vor allem der Brahmanen gegenüber. Deren hohes Ansehen resultiert letztlich aus ihrer Funktion als Zauberer und Medizinmann (Weber 1916-1920, (S. 40 und 43)). „Die sozialen und ökonomischen Privilegien der Brahmanen waren derart, dass sie von keiner Priesterschaft der Welt erreicht wurden. Selbst der Kot eines Brahmanen konnte, als Divinationsmittel, religiös bedeutsam sein. (Weber 1916-1920, (S. 42)). Die Brahmanen lebten von Geschenken. „Neben Geld und geldeswerten Kostbarkeiten …(waren, d. V.) Rinder und vor allem Land und auf Land- oder Steuereinkünfte gegründete Rentenschenkungen die klassische Form des Entgelts seitens vornehmer Herren. Landschenkungen zu empfangen galt – wenigstens nach der brahmanischen Theorie – als Monopol der Brahmanenkaste und war ihr ökonomisch wichtigstes Privileg" (Weber 1916-1920/1998, (S. 42)).

„Innerhalb der Hauptkasten bildeten sich zahlreiche Unterkasten, und heute wird angenommen, dass es insgesamt etwa 3000 Unterkasten gibt, welche sich noch einmal in 25000 „Sub-Kasten" aufgliedern. Niemand kennt die genaue Zahl. Viele der Unterkasten existieren nur in bestimmten Gebieten" (Krack 2001, S. 51)). Es gibt/gab sogar die Kaste der Räuber (sogenannte Kullars), in der Diebstahl zum Kastenethos zählte. „Diese Kaste wird im Distrikt von Madura, wo sie weit verbreitet ist - (zumindest zu Beginn des achtzehnten Jahrhunderts, d. V.) -, als eine der angesehensten unter den Shudras betrachtet". (Abbé Dubois 2002, (S. 40)).

„Gelegentlich kommen noch einige Kasten hinzu: Als zum Beispiel in Bengalen eine neue Ölpresse eingeführt wurde, wehrten sich die Traditionalisten gegen das neue Gerät. Wer eine neue Presse benutzte, wurde aus der Kaste der Ölpresser ausgestoßen. Daraufhin bildeten die Betroffenen eine eigene Kaste. Selbst Ehen zwischen Mitgliedern der beiden Kasten waren nun verboten" (Krack 2001, S. 51)). Die Subkasten werden auch als Jatis bezeichnet.

„Der Einfluss des Kastensystems auf die hinduistische Gesellschaft war immens. Da ein Wechseln von der einen in die andere Kaste, und damit häufig in einen anderen Beruf, zumeist nicht möglich war, erstarrte die soziale Mobilität – war der

Vater ein kastenloser Schuster, so wurde auch sein Sohn ein Schuster..." (Krack 2001, (S. 52)).

„Durch die Aufsplitterung der Gesellschaft in zahllose Sub-Gruppen, die sich gegenseitig in Schach hielten, war zwar der soziale Friede gesichert, allerdings auf Kosten der vielen Unterkastigen oder Kastenlosen, die oft ein menschenunwürdiges Leben fristeten...

...Die Vorteile des Kastenwesens genossen in der Vergangenheit... (unter anderem, d. V.) die Brahmanen: Verstießen Mitglieder der ihnen unterstellten Kasten gegen den Wust von sozialen Regeln, so konnten sie sich durch bestimmt Rituale von der „Sünde" reinwaschen. Die Rituale wurden selbstverständlich oft von den Brahmanen vollzogen, die daran verdienten. In vielen Fällen konnten sich die Frevler von ihren Missetaten durch die Zahlung einiger Kühe und von ein paar Kilo Butter an die Brahmanen freikaufen" (Krack 2001, (S. 52 f)).

So frei der Einzelne bei der Wahl der Heilsziele und -wege sowie der Götter ist, so unfrei ist er in alltäglichen Dingen. Die kleinsten Details sind penibel durch Kaste und Familie geregelt: Der Hindu „muss stets sorgfältig abwägen, mit welcher Person er gemäß seiner Kastenzugehörigkeit respektvoll oder gar unterwürfig zu verkehren hat oder mit wem er herablassend reden kann. Selbst wann er ein Bad nehmen muss, welche Kleider er anzieht, welche Art von Kappe oder Turban er trägt, welche Haar- oder Barttracht er pflegt, welches Essen er zu sich nimmt, ob ihm Fleisch verboten ist oder nicht, all das bleibt nicht seiner persönlichen Entscheidung überlassen"(Schweizer 2001, S. 45)). Selbst die politische Partei, die das Individuum wählt, wird von dem Familienoberhaupt diktiert, das wiederum von der Jati gelenkt wird.

„Heute spielt die Kaste offiziell keine Rolle in Indien oder Nepal mehr. Vor dem Gesetz ist jeder Bürger gleich. In Indien sind sogar Beleidigungen, die auf die Kaste eines Mitmenschen abzielen, gesetzlich verboten und Kastenlosen wird der Zugang zu staatlichen Beschäftigungen durch günstige Aufnahmequoten.... erleichtert – sehr zum Unwillen der Höherkastigen". (Krack 2001, S. 51 ff)).

De facto aber ist das Kastensystem nach wie vor dominant. „Hochzeiten werden traditionell nur innerhalb der eigenen Kaste gefeiert, wobei allerdings die Unterkaste unterschiedlich sein muss. Personen derselben Unterkaste werden als „Verwandte" betrachtet und eine Hochzeit zwischen diesen käme Inzest gleich. In großen Metropolen wie Delhi, Mumbai und Bangalore sind zwischenkastliche Ehen heute keine Seltenheit mehr. Unter der orthodoxen Landbevölkerung regt sich jedoch starker Unmut dagegen, der sich bis zu brachialer Gewalt steigern kann" (Krack 2001, S. 51 ff)).

Zur sozialen Realität Indiens zählen auch 40 Millionen Kinder, die von ihren Eltern zur Arbeit statt in die Schule geschickt werden und die weitgehend zu den Kastenlosen gehören (Kaiser 2012, (S. 187)) Die zahlreichen Diskriminierungen, die Unberührbare ertragen müssen – sei es im Bildungs- oder Gesundheitswesen oder bei der Berufswahl- kumulieren sich und führen oft in die Armutsfalle. Aus dieser gibt es kein Entrinnen und sie zwingt Kinder in die Arbeit.

Nur in Ausnahmefällen zählen Kastenlose oder Mitglieder unterer Kasten zu den Besserverdienenden. Ein Beispiel ist die Dom-Kaste in Varanasi. Das sind die gewerblichen Leichenverbrenner, die ihre Monopolstellung ausnutzen.

Zwar lösen sind in den urbanen Zentren rigide Kastenschranken mehr und mehr auf. Denn in einem vollgestopften Zug in Mumbai lässt sich wohl kaum verhindern, dass der Schatten des Niederkastigen auf den Höherkastigen fällt. Auch lassen sich in einer modernen Betriebskantine – sie stößt allerdings immer noch auf Ablehnung - wohl kaum Manus penible kastenspezifische Essensregeln einhalten.

Aber in den Köpfen der Inder besteht nach wie vor eine Barriere, die zwischen Kopfarbeit einerseits und Handarbeit andererseits trennt. So resümiert der Unternehmer Narayana Murthy: „Indien hat die industrielle Revolution verpasst, seine Intellektuellen haben sich auf Papier und Bleistift beschränken müssen. Sie sind zuhause in der Mathematik, in der theoretischen Physik, im abstrakten Denken und im Konzeptualisieren – alles Eigenschaften, die von Computerwissenschaftlern, Programmierern und Designern verlangt werden" (zitiert nach Schweizer 2001, (S. 186)).

„Zu Beginn des 21. Jahrhunderts haben zwar mehrere indische Universitäten sowie Fachhochschulen internationalen Standard erreicht und bringen zur Genüge Ingenieure hervor. Die gut geschulten Kräfte stammen jedoch immer noch überwiegend aus höheren Kasten und bringen von dort eben auch traditionellen Ballast mit, besonders ihre Verachtung der Handarbeit. Es passiere immer wieder, so berichten westliche Ingenieure über ihre indischen Arbeitskollegen, dass diese sich weigerten, in eine Baugrube zu steigen, um Materialschäden zu überprüfen. Für „schmutzige" Arbeit fühlen sich viele Ingenieure der höheren Kasten nicht zuständig" (Schweizer 2001, (S. 187)).

„Der Zorn vieler „Unberührbarer" richtet sich heute verständlicherweise gegen Manu und sein Gesetzbuch, das ihnen ihr Leben so schwer gemacht hat. Der Zeitgeist steht auf ihrer Seite und statt als „Unberührbare" werden die Kastenlosen heute politisch korrekt als dalit bezeichnet, als „Unterdrückte". Zuvor war der von Mahatma Gandhi geprägte Begriff harijan, „Kinder Gottes", in Gebrauch..." (Krack 2001, (S.53). Die Unberührbaren konnten sich aber nie mit diesem euphemischen Begriff anfreunden.

Seit den siebziger Jahren des zwanzigsten Jahrhunderts ist es vermehrt zu Kastenrevolten gekommen ist. Vor allem in den nördlichen Bundesländern Bihar, Uttar Pradesh, Madya Pradesh und Rajasthan - das sind die auch als „Kuhgürtel" bezeichneten Stammgebiete der Arier in der Gangestiefebene - formierten sich politische Parteien der Unberührbaren und der Shudras,:

„Gemeinsam ist den Dalit- und Shudra-Parteien die Stoßrichtung gegen höhere Kasten, aber auch die Gegnerschaft zur Kongresspartei. Politiker der Shudra wie der Unberührbaren kritisieren zunehmend an den Machthabern der Kongresspartei, dass diese, die fast ausnahmslos aus hohen Kasten stammen, nur Angehörige der eigenen Kaste begünstigen und zu wenig für untere Kasten tun" (Schweizer 2001, (S. 157)).

In der heutigen Zeit versuchen Politiker durch Quotenregelungen (etwa im öffentlichen Dienst und an den Hochschulen) das Los der Unterprivilegierten zu verbessern. Diese machen drei Viertel der indischen Bevölkerung aus. Sie setzen sich zusammen aus 15 % Dalits, 7,5 % Ureinwohnern (sogenannte Adivasi) und 54 % „andere rückständige Klassen" (Agarwal 2010, (S. 11 f.)).

4.10.2 – Der Hindu-Dharma oder Leben nach der göttlichen Ordnung

So grenzenlos tolerant der Hinduismus im Hinblick auf die freie Wahl der Gottheit(en) und der Religionsphilosophie ist, so intolerant sind die

Hindus im Hinblick auf das von Manu begründete Kastensystem nebst seiner kastenspezifischen Regeln und dem Leben gemäß dem Hindu-Dharma (Schweizer 2001 a, (S. 30 ff.)). Die Hindus zwängen auch die anderen in Indien ansässigen Religionsgemeinschaften, wie die Muslime und Christen, in das starre Korsett ihrer Sozialordnung, notfalls mit Gewalt. Dahinter steht der Glaube, das Verfolgen der vielfältigen Rituale und Kastenregeln oder das Leben nach dem vermeintlichen Hindu-Dharma sei gottgewollt.

Der Begriff des Dharmas ist wohl dem am ähnlichsten, was wir unter Religion verstehen. „Dharma ist das, was die Welt zusammenhält und stützt, das ewige Gesetz, „die Ordnung im Vollzug"…, er umfasst natürliche und gesetzte Ordnung, Recht und Sitte im weiten Sinn "(Michaels 2006, (S. 31)). Es gibt verschiedene Regeln, die der Einzelne beachten muss, je nach Geschlecht, Alter und Kaste. „Viel Gewohnheitsrecht zeigt sich da, aber wenig Naturrecht und keine allen gemeinsame Moral: Besser ist es, den eigenen Dharma schlecht, als fremden gut zu vollziehen"(Michaels 2006, (S. 32)).

„Das Dharma des Fürsten ist, Krieg zu führen um des Kriegs und um der Macht rein als solcher willen. Er hatte den Nachbarn durch List, Betrug und alle noch so raffinierten, unritterlichen und heimtückischen Mitteln, durch Überfall, wenn er in Not war, durch Anstiftung von Verschwörungen unter seinen Untertanen, Bestechung seiner

Vertrauten zu vernichten, die eigenen Untertanen aber durch Spionage, Lockspitzel und ein raffiniertes System von Tücke und Argwohn im Zaum zu halten und fiskalisch nutzbar zu machen" (Weber 1916-1920/1998, (S. 105)).

„Das praktisch geltende Dharma der einzelnen Kasten stammt seinem Inhalt nach faktisch zu einem sehr großen Teil aus der fernen Vergangenheit tabuistischer und magischer Normen der Zauberer-Praxis. Seine Geltung als hinduistisches Dharma aber ist zu einem weit größeren und praktisch noch weit wichtigeren Teil, als etwa die heutigen rituellen Gebote der katholischen Kirche, ausschließlich Produkt der Priester und der von ihnen geschaffenen Literatur" (Weber 1916-1920/1998, (S. 18)).

Man kann den Begriff Dharma deshalb auch mit „Ritualpflicht" übersetzen. „Hinduismus ist primär Ritualismus" (Weber 1916-1920/1998, (S. 17)). Der Westler kann sich den Begriff Dharma klarmachen, wenn er an die Rituale des Christentums denkt: Taufe, Kommunion, Konfirmation, Kirchgang, Abendmahl, Sonn- und Feiertage, Tischgebet etc. (Weber 1916-1920/1998, (S. 17)).

4.10.3 – Lebensstadien der Hindus

In Indien stoßen Meditation oder Weltabgewandtheit und chaotischer Trubel aufeinander.

Wer erstmals nach Indien reist, fragt sich, wie diese Sphären zusammenpassen: Wie vertragen sich die erfolgreiche Handelsgeschichte, die faszinierende Tempelkultur, das fantastische Essen, die grelle Buntheit der Saris, das quirlige Treiben auf den Märkten sowie der Höllenlärm im chaotischen Verkehrsgewühle mit dem Endziel der Verschmelzung der Individual- mit der Weltenseele? Wie nun passt das schrille, bunte Indien, das alle Sinne herausfordert, mit dem Streben nach Erlösung zusammen?

Die Antwort der hinduistischen Philosophie ist einfach: Erst soll der Einzelne seine Pflichten in der Welt erfüllen, danach kann er – als Sadhu und außerhalb des Kastensystems – nach Freiheit von der Welt streben (Schweizer 2001 b, (S. 84 ff.)). Zu den Pflichten in der Welt zählen – nach der Kindheit und dem Vedastudium, das aber nur den höheren Kastenmitgliedern erlaubt ist - die Eheschließung, die Gründung und Versorgung einer Familie, das Ausüben eines Berufs und das Erfüllen der vielfältigen Kastenregeln. Sind die Pflichten gemäß dem Hindu-Dharma erfüllt, kann sich der Mensch bzw. Mann – als Einsiedler oder als Wanderasket - den philosophischen Sphären des Seins bzw. Nichtseins zuwenden (Vgl. Schlensog 2006, (S. 140 f.)). Erst muss also der Mann in der Welt der Sinnestäuschung (Maya) leben, danach kann er sich durch Wissenszugewinn und Meditation von der Täuschung befreien. Nur die wenigsten Hindus sind allerdings zum Sadhu geboren und streben nach Moksha, Erlösung, Nirwana, oder Brahma.

4.10.4 – Der Kult um den Sohn, die Rolle der Frau und der Familienclan

In Indien wird nicht nur nach Kasten privilegiert und diskriminiert, sondern auch nach Geschlechtern. Trotz allem Shakti-Kult um die „Muttergottheit" – in Indien schreit das Los vieler Mädchen, Frauen, Schwiegertöchter und Witwen zum Himmel. „Das berüchtigte Gesetzbuch des Manu verkündete, dass das Töten einer Frau nur ein leichtes Vergehen sei – ähnlich dem Trinken von Alkohol. Kein Wunder, dass unter indischen Feministinnen Manu Feind Nummer Eins ist" (Krack 2001, (S. 67)).

Frauen werden „als sexuell unersättliche Monstren betrachtet, die, außerhalb der zügelnden Kontrolle eines Mannes, allzeit zu Schandtaten bereit waren. Tugendhafte Frauen waren solche, die zufällig keine Gelegenheit hatten, „sich den niedrigsten der Männer hinzugeben", oder die Angst vor Entdeckung hatten" (Krack 2001, (S. 67)). Dieses Fehlurteil geht auf das Frauenbild der alten Priester zurück: „Sehr ausgeprägt war bei den Brahmanen die maskuline Ablehnung der Frau, in ähnlichem Sinne wie bei den Konfuzianern, jedoch mit einem Einschlag asketischer Motive, der dort gänzlich fehlte... (Die Frau, d. V.)

war Trägerin der als würdelos und irrational abgelehnten alten Sexualorgiastik und seine Existenz eine ernstliche Störung in der heilbringenden Meditation. Gäbe es noch einen Trieb von solcher Stärke, wie den Sexualtrieb, so wäre die Erlösung unmöglich, soll auch der Buddha geäußert haben. Aber die Irrationalität der Frauen wird auch später von brahmanischen Schriftstellern scharf betont" (Weber 1916-1920/1998, (S. 109)).

Das Hauptlebensziel einer Frau wird im Gebären von männlichem Nachwuchs gesehen, der im Glauben der Hindus „allein dazu in der Lage ist, die religiösen Riten zu vollziehen, darunter die Totenrituale nach dem Versterben der Eltern" (Krack 2001, ((S. 107)). So wundert man sich nicht über den Kult um Söhne und Männer, denen die Frau untertan ist bzw. sein soll.

Der Asket Vasistha formuliert in seinem Werk Padma-Purana seine Ideen zur Rolle der Frau: „Eine Frau ist dazu gemacht, in jedem Lebensalter zu gehorchen. Als Tochter schuldet sie Vater und Mutter Unterwerfung, als Ehefrau ihrem Mann, ihrem Schwiegervater und ihrer Schwiegermutter, als Witwe ihren Söhnen. Zu keiner Zeit des Lebens kann sie sich als ihre eigene Herrin ansehen....

Sie kann Schwiegervater, Schwiegermutter und Ehemann nicht genug Ehre erweisen, und selbst wenn sie bemerkt, dass diese das gesamte Familienvermögen durchbringen, wäre es falsch von ihr, sich zu beschweren und noch verkehrter, sich zu widersetzen… Ihr Mann mag … durch seine groben Manieren abstoßend sein; lass ihn auch aufbrausend, verdorben und unmoralisch, ein Trinker oder ein Spieler sein; lass ihn übel beleumdete Plätze aufsuchen, mit Nebenfrauen zusammenleben, sich nicht um seine häuslichen Angelegenheiten kümmern; lass ihn wie einen Dämon von einer Seite zur anderen rasen; lass ihn ehrlos leben… in einem Wort: Was für Fehler er auch hat, was für ein Bösewicht er auch sei, die Frau sollte ihn immer als ihren Gott ansehen, ihn mit ihrer Aufmerksamkeit und Zuneigung überhäufen, sich nicht um seinen Charakter kümmern und ihm nicht den geringsten Anlass zum Kummer geben. … Wenn sie die schönsten Götterbilder vor Augen hat, (soll sie, d. V.) voll Verachtung auf sie herabschauen und denken, sie seien dem Vergleich mit ihrem Mann nicht gewachsen…. Sie muss sich beim Tod ihres Mannes lebendig auf demselben Scheiterhaufen wie er verbrennen lassen. Dann wird jeder ihre Tugend preisen" (zitiert nach Abbé Dubois 1825/2002, (S. 282 f.)).

Noch immer werden Mädchen bei Ernährung und Schulbildung vernachlässigt, und es wird ihnen vom „Familienrat" ein Ehepartner aufoktroyiert – manchmal schon im Kindesalter, wie dies vor allem in Rajasthan mitunter immer noch praktiziert wird. Scheidung erscheint oft ausgeschlossen und Wiederheirat von Witwen ist eher die Ausnahme, denn die Regel.

Im Hinduismus herrscht der Glaube vor, dass die Partner einer arrangierten Ehe, die von einem Astrologen abgesegnet wird, in späteren Leben immer wieder aufeinander stoßen. Auch wegen dieser geglaubten spirituellen Verbundenheit sind die Scheidungen deutlich niedriger als im Westen, - und dies, obwohl Liebesheiraten eher die Ausnahme sind. Tradition ist auch eine Mitgift, die die Eltern der Braut bestreiten müssen. Die Braut zieht zur Familie des Ehemanns.

Die junge Ehefrau ist die Rangniedrigste im Familien-Clan. Der Familien-Clan besteht neben ihr und ihren Kindern aus den Eltern und väterlichen Großeltern des Mannes, seinen männlichen Geschwistern und deren Ehefrauen sowie deren Kinder. Clans von 50 Personen sind auf dem Lande keine Seltenheit.

Die junge Ehefrau wird oft von der Schwiegermutter schikaniert, mitunter aber auch vom Ehemann, seinen Brüdern und jenen Schwägerinnen, die mehr Söhne zur Welt gebracht haben. Denn indem eine Frau viele Söhne zur Welt bringt, kann sie ihr Ansehen steigern. Als alte Ehefrau verfügt sie oft über viel Ansehen und Macht und nicht selten „revanchiert" sie sich bei ihren Schwiegertöchtern für das Leid, das sie früher hat ertragen müssen. Wenn der Ehemann stirbt, erleidet die alte Ehefrau jedoch wieder einen gravierenden Ansehensverlust. Sie gilt dann als spirituell oder rituell „unrein".

Die schlimmste Diskriminierung der Mädchen oder Frauen besteht aber darin, dass man sie umbringt. So werden weibliche Säuglinge getötet und weibliche Föten abgetrieben. „Die Zahl der Morde an weiblichen Kleinkindern wächst in Indien trotz verschärfter Strafbedingungen" (Schweizer 2001, (S. 200)). Skandalös sind auch die Mitgiftmorde, bei denen junge Ehefrauen am Herd oft mit Benzin übergossen und angezündet werden. Das wird dann als „Küchenunfall" getarnt und der nächsten Mitgiftforderung steht niemand mehr im Wege. „Traurige Berühmtheit erlangte vor allem Indiens Hauptstadt Delhi, wo in der Zeit von 1987 bis 1994, innerhalb von nur sieben Jahren also, 103 718 Morde an Ehefrauen registriert wurden...

…Die Täter werden oft nur geringfügig mit Gefängnis bestraft oder kommen sofort frei, da die Untersuchung durch die Polizei meist ergebnislos verläuft; Bestechungsgelder machen es möglich. Bis zum Jahr 2000, so kritisieren indische Frauenverbände scharf, sei noch kein einziger (Täter, d. V.) zum Tod oder zu lebenslanger Haft verurteilt worden. Dabei ist die Zahl dieser Verbrechen sehr hoch, und sie steigt weiter. Die neueste Statistik des National Crime Records Bureau verzeichnet allein von 1987 bis auf 1998 einen Anstieg der (Morde an Ehefrauen, d. V.) von 15,2 %... Diese Zahlen beruhten auf offiziellen Polizeiberichten. Man kann sich daher vorstellen, wie hoch erst die Dunkelziffer ist und wie erschreckend viele Frauen in ganz Indien ...ermordet werden" (Schweizer 2001, (S. 2001)).

„Kaum ein hinduistischer Brauch hat so viel Bestürzung unter Nicht-Hindus hervorgerufen wie Sati, die Verbrennung von Witwen auf dem Scheiterhaufen der Ehemänner" (Krack 2009, (S. 185)). Dieser Brauch ist zwar im Jahr 1829 von den Briten verboten worden, vor allem auf dem Land wird er aber noch vereinzelt praktiziert. „ Im 1. und 2. Jh. n. Chr. war Sati fest im hinduistischen Leben verankert und wurde von den religiösen Gesetzgebern gefördert. Im 6. und 7. Jh. war der Status der Witwen derart niedrig, dass vielen Witwen der Tod eine annehmbarere Lösung war als das Leben in Schmach"(Krack 2009, (S. 185)). Freilich wurden viele Frauen auch zu Sati gezwungen und gewaltsam zurück in die Flammen gestoßen.

4.11 – Indische Religion und Wissenschaft

„Die Beschäftigung mit dem vedischen Opferritual bildet den Ursprung der traditionellen Wissenschaften in Indien. Für die Ausführung des Rituals war es notwendig, die Anlage der komplizierten Opferplätze richtig zu berechnen (Mathematik), den richtigen Zeitpunkt mithilfe der Sterne zu bestimmen (Astronomie) und die zu sprechenden Verse richtig zu rezitieren (Metrik).

Damit das Ritual erfolgreich ist, müssen diese Details stimmen – die Götter sind da nicht weniger empfindlich als die Großmutter, zu deren Geburtstagsfeier man zu spät kommt oder vielleicht vergisst, zu gratulieren. Der falsche Zeitpunkt, ein ausgelassener oder falsch rezitierter Vers kann das erwünschte Ziel des Rituals zunichtemachen. Diese Voraussetzungen führen zwangsläufig zu einer systematischen Beschäftigung mit verschiedenen, für den Ablauf und die Deutung der Rituale wichtigen Details"(Buß 2009, (S. 151)).

Die früheste Textüberlieferung aus Indien, auf die wir zurückgreifen können, ist der Rig-Veda. Er entstand vermutlich ab 1500 v. Chr., hat aber noch ältere Wurzeln. Um das Opferritual richtig ausführen zu können, entwickelten die damaligen Priester 6 Disziplinen (in Sanskrit vedangas), nämlich Ritual, Grammatik, Metrik, Etymologie, Phonetik, Astronomie (Buß 2009, (S. 151 f.)).

Die Wiege der modernen Mathematik steht im alten Indien. Weil die vedischen Priester Berechnungen brauchten, um die Opferplätze korrekt zu bestimmen, ist bereits frühzeitig die Geometrie entwickelt worden. Die alten Schriften aus dem 5. Jh. v. Chr. enthalten z.B. die weltweit früheste Darstellung des Satzes des Pythagoras. Ab dem 4. Jh. n. Chr. erreichte die indische Algebra und Arithmetik einen hohen Stand. Wir verdanken den alten Indern den Begriff der Unendlichkeit und der Null, auf denen das von ihnen entwickelte Dezimalsystem fußt. Verschiedene arithmetische Methoden, wie das Wurzelziehen und die Lösung von Gleichungen mit mehreren Unbekannten, verdanken wir den indischen Denkern. Die mathematischen Erkenntnisse sind dann im 12. Jh. über die Araber nach Europa gelangt (Buß 2009 (S. 156)).

Die Inder übernahmen astronomische Erkenntnisse von den Griechen, die unter Alexander dem Großen bis nach Indien gelangten. Diese astronomischen Einsichten wurden dann durch den Einsatz der Mathematik von den Indern weitereinwickelt und gelangten als Kulturtransfer über die Araber wieder nach Europa zurück. Der indische Astronom Aryabhatta wusste bereits 1000 Jahre vor Kopernikus (1473 – 1543), dass sich die Erde um die Sonne dreht. (Buß 2009 (S. 154.)).

Auch im Bereich der Medizin haben die Inder Pionierleistungen erbracht. Bereits im 1. Jh. nach Chr. gelangen Durchbrüche in der Chirurgie. In Indien wurden fortgeschrittene Operationstechniken entwickelt, wie z.B. der Kaiserschnitt, das Stechen des grauen Stars und die plastische Chirurgie (Buß 2009 (S. 152)). Ferner ist die Heilkunst des Ayur-Veda – dem Wissen vom langen Leben - in Indien entstanden. Ayur-Veda, das heute in den USA und Europa sehr populär geworden ist, fußt auf Jahrtausende altem Erfahrungswissen über die Wirkung von Heilkräutern und über die Grundregeln gesunder Lebensführung einschließlich gesunder Ernährung.

Bedeutsam in Indien ist die horoskopische Astrologie. Sie wurde im 4 Jh. n. Chr. von den griechisch-stämmigen Fremddynastien auf indischem Boden übernommen. Zuvor spielten in der indischen Astrologie die Mondhäuser eine Rolle. Sie liegen – ebenso wie die Sonne beim Eintritt in ein neues Sternbild – dem Aufbau des Hindukalenders zugrunde.

5 – Die Kritik Buddhas am Brahmanismus als Vorläufer des Hinduismus und ihre Schwächen

5.1 – Vorbemerkung

Die ursprüngliche Lehre Buddhas, auf die wir im Folgenden eingehen und die als kritischer Gegenentwurf zum Brahmanismus als Vorläufer des Hinduismus zu verstehen ist, wird als Hinayana-Buddhismus bezeichnet (sogenanntes kleines Rad der Lehre). Von dessen Zweigen existiert heute nur noch der sogenannte Theravada-Buddhismus. Dieser ist vor allem in Sri Lanka, Myanmar, Thailand, Kambodscha und Laos verbreitet. Der sich zwischen erstem und drittem Jahrhundert aus dem Ur-Buddhismus abspaltende Mahayana-Buddhismus, der heute vor allem in den Ländern Ostasiens sowie den Himalaya-Ländern existiert, wird nur kurz skizziert.

Um Buddhas Lehre zu verstehen, muss man zunächst das Leben Buddhas ebenso in Augenschein nehmen wie die Verhältnisse im alten Indien seiner Tage.

5.2 – Buddhas Leben

Gautama Siddhartha, der im Alter von 35 Jahren seine Erleuchtung erfahren hat und sich seither

Buddha (der Erwachte) nannte, ist im 5 Jh. v. Chr. in Lumbini im heutigen Nepal geboren. Seine Mutter starb 7 Tage nach seiner Geburt, er wurde in die Obhut seiner Stiefmutter, die auch seine Tante war, gegeben. Sein Vater regierte von Kapilavastu aus ein kleines Königreich, das in einem Vasallenverhältnis zum in der Gangesebene gelegenen Königreich Koshala stand (Scherer 2005 (S.20 ff.)). Buddha war also Prinz und gehörte der Kaste der Kshatriyas (Ritter) an.

„Die Überlieferung will es, dass der künftige Buddha in großem Luxus am Königshof zu Kapilavastu aufwuchs. Tatsächlich beschreibt der Buddha in einer Predigt, die sicher eine spätere Zutat bildete... sich selbst als äußerst zart und verwöhnt: Nur die feinsten Salben habe er genommen und nur die teuersten Gewänder habe er getragen. Ein Diener habe bei jedem Ausflug mit einem großen Schirm die vornehme, blasse Hautfarbe vor den sengenden Strahlen der Sonne geschützt, drei Paläste habe er besessen, einen für jede Jahreszeit (Winter, Sommer und Monsun), und besonders in der Regenzeit seien Musik und Tänzerinnen seine vornehmliche Zerstreuung gewesen"(Scherer 2005 (S.20 ff.)).

Historiker bezweifeln zwar einen derartigen Luxus am Hof von Kapilavastu, aber es ist sicher, dass Buddha eine sorgenfreie Jugend hatte und in seinem Palast weitgehend abgeschirmt von der Härte des Lebens aufgewachsen ist. Gleichwohl war er nicht glücklich. Vielmehr war er von ernstem Naturell gewesen und an Sinnfragen mehr interessiert als an Sinnesfreuden und politischer Macht. Mit 16 Jahren ist Buddha verheiratet worden.

Der Vater hatte Gautama Siddhartha verboten, den goldenen Käfig zu verlassen. Gleichwohl hat dieser viermal heimlich das nächste Dorf besucht. Die Eindrücke waren prägend für sein weiteres Leben. Gautama Siddhartha ist bei seinen Ausflügen das erste Mal mit den leidvollen Lebensrealitäten des Alters, der Krankheit und des Todes konfrontiert worden, so dass ihm die Vergänglichkeit der Annehmlichkeiten und des Glücks bewusst wurde. Als er einen Asketen sah, meinte Buddha zunächst, dies sei der beste Weg, um nach Freiheit von Leiden zu streben.

In einer Nacht-und-Nebelaktion verließ Gautama Siddhartha als 29 Jähriger den Palast - Frau und neugeborenen Sohn zurücklassend – und begab sich auf die Suche nach Gurus, erfuhr diverse Heilslehren, lernte Meditationsmethoden und übertraf bald seine Lehrer. Dennoch blieb er unbefriedigt bei der Suche nach der Überwindung des Leidens und nach Glück. Auch extreme Askese erwies sich als falscher Weg. Gautama Siddhartha praktizierte „so strenge Atemkontrolle, dass er furchtbare Kopfschmerzen bekam und seine inneren Organe beschädigte. Darauf wandte er sich anderen extremen Fastenübungen und Selbstkasteiungen zu. Er aß nur noch einmal die Woche eine hohle Hand voll vegetarischer Speisen oder ausschließlich das, was er in der Wildnis vorfand; er meditierte nackt stundenlang in der glühenden Sonne, stand tagelang auf einem Bein und schlief auf Dornen oder auf Leichenfeldern. Bald glich er einem grauen Gespenst, das von den Kindern verhöhnt und mit Unrat beworfen wurde" (Scherer 2005, (S.26)).

„Nach sechs Jahren der Hungeraskese reifte in Siddhartha die Erkenntnis, dass das Abtöten des Körpers den Geist nicht befreit. Er erkannte, dass der Geist nur Ruhe finden kann, wenn die Basisbedürfnisse des Körpers befriedigt sind. Darum beendete er die Selbstmarterung. Er stieg zum Fluss herunter, wusch sich und trank; von zwei Dorfmädchen nahm er eine Schale Milchreis an. So begann er wieder regelmäßig, Nahrung zu sich zu nehmen und sich zu versorgen"(Scherer 2005, (S.27)).

Siddhartha zog weiter in die Gegend des heutigen Bodh-Gaya in Bihar und ließ sich dort zu Füßen eines sogenannten „Bodhi-Baums"- ein Pappelfeigenbaum - nieder, um nach Wegen aus dem Leiden nachzudenken und zu meditieren. Dabei besiegte er in einem inneren Kampf mit den Mächten der Finsternis den Begierden- und Todesgott Mara. Bei Vollmond kam ihm in der siebten Nacht schließlich die Erleuchtung. „Er erkannte seine früheren Geburten, durchlotete das Gesetz von

Ursache und Wirkung und gelangte schließlich zur Erkenntnis der Vier Edlen Wahrheiten vom Leiden und dessen Aufhebung und zum völligen Erwachen (Scherer 2005, (S.29)). Seither nannte sich der mittlerweile 35-Jährige „Buddha" („der Erwachte").

Buddha zog von da an durch Nordindien, hielt Lehrreden und sammelte Schüler um sich. Seine erste berühmte Rede hielt er vor fünf Schülern in einem Gazellenhain im heutigen Sarnath in der Nähe von Varanasi (Benares). Buddha starb achtzigjährig in Kushinagara. Im Glauben der Buddhisten ging er in das Nirwana ein.

5.3 – Die Verhältnisse im Indien des 5. Jahrhunderts v.Chr.

Der Buddhismus ist ebenso wie zuvor schon der Jainismus aus dem im alten Indien herrschenden Brahmanismus hervorgegangen. Dies erklärt zum einen die geistige Verwandtschaft, die zwischen beiden Lehren besteht. So fußen beide auf der Lehre vom Karma, der Wiedergeburtstheorie und der Befreiung davon - wenngleich in den konkreten Inhalten deutliche Unterschiede gemacht werden, wie wir noch sehen werden. Andererseits ging Buddha bewusst in Opposition zu anderen Grundelementen des Brahmanismus, weil er sie falsch oder für Irrwege gehalten hat.

Charakterisieren wir kurz das alte Indien zu Buddhas Lebzeiten:

- „Indien im 5 Jh. v.u.Z. ist gekennzeichnet durch eine starre Klassengesellschaft.

- Die Geltung der heiligen vedischen Schriften und die Autorität der brahmanischen Priester prägen das religiöse Leben.

- Das spröde vedische Opfer ist das zentrale Ritual; spätvedische Schriften deuten dieses Opfer mystisch.

- Die Upanishaden – Geheimlehren dieser Zeit - lehren die Einheit der unsterblichen Seele (atman, Selbst) mit dem kosmischen Absoluten (brahman, Weltseele).

- Wanderasketen bilden eine spirituelle Gegenbewegung; radikale Askese wird als Weg zur Befreiung des atman (Selbst) aus dem Gefängnis des Körpers gesehen.

- Materialisten (Lokayatas) predigen dagegen Sinnenlust; sie verneinen jede spirituelle Wirklichkeit, Wiedergeburt und ein Leben nach dem Tod" (Scherer 2005, (S. 49)).

Die Abspaltung neuer Religionszweige aus dem Brahmanismus war historisch zwingend: „Der Aufstieg des Buddhismus wie des Jainismus vollzog sich zunächst auf den Schultern des Stadtadels, und vor allem des bürgerlichen Patriziats. Die Ablehnung des Priesterwissens und der unerträglichen zeremoniösen Lebensreglementierung, der Ersatz der unverständlichen toten Sanskritsprache durch die Volksmundart, die religiöse Entwertung der Kastengebundenheit für das Konnubium und den geselligen Verkehr, verbunden mit der Verdrängung der Schlüsselgewalt der unheiligen Weltpriesterschaft durch eine Schicht von Heilsuchern, welche wirklich ernst machten mit dem heiligen Leben. – Dies alles waren Züge, welche der Laienbildung überhaupt, vor allem aber den patrizischen bürgerlichen Schichten der Zeit der ersten großen Städteblüte weit entgegenkommen mussten" (Weber 1916-1920/1998, (S. 178)).

5.4 – Der Buddhismus als mittlerer Weg

Buddha empfahl den Menschen, einen mittleren Weg zwischen zwei Extremen einzuschlagen. Er erteilte der Selbstkasteiung von Sadhus ebenso eine Absage wie plattem materialistischem Sinnesrausch. Zu dieser Schlussfolgerung gelangte Buddha auf dem empirischen Weg seiner eigenen Lebenserfahrung: Im Palast seines Vaters lernte er Luxus kennen, als Asket kam er zur Einsicht, dass in einem geschundenen und kranken Körper kein gesunder Geist wohnen kann, dass Asketentum den Geist sogar zerstört, statt ihn zu befreien.

Welches Maß an Bedürfnisbefriedigung wird vom Buddhismus toleriert und welches wird als krankhaft übersteigert eingestuft? Wo verläuft der

„richtige Weg" zwischen beiden Polen? Um diese Frage zu beantworten, muss zwischen Anhaftung bzw. Gier bzw. Sucht auf der einen und Wunsch auf der anderen Seite differenziert werden. Buddhist zu sein, bedeutet nicht unbedingt, dass man lediglich die elementarsten Grundbedürfnisse deckt. Man kann durchaus Wünsche haben. Entscheidend ist, ob diese übermächtig werden oder nicht. Leidet man etwa, wenn sich die Wünsche nicht erfüllen, ist man nicht frei von Anhaftung. Buddhismus lehrt Maß halten und die Zufriedenheit mit den realisierbaren Wünschen.

5.5 – Ablehnung des Kastensystems

Im Gegensatz zum Hinduismus lehnte Buddha das Kastenwesen ab. Nach Buddhas Lehre hat jeder Mensch die gleiche Chance, erlöst zu werden. Hingegen muss im Hinduismus der Kastenlose oder Niederkastige erst die ganze Kastenhierarchie durchlaufen, bis man ihm Erlösungschancen einräumt. Und Frauen müssen nicht erst als Männer wiedergeboren werden, bis ihre Einzelseele in der Weltseele aufgehen kann.

Allerdings war Buddha kein Sozialrevolutionär, der gegen die herrschende Kastengesellschaft aufbegehrte, sondern apolitischer Prediger, dem Schüler aus allen Bevölkerungsschichten willkommen waren (Weber 1916-1920/1998, (S. 180)). Buddha vertrat das Ideal der Gleichheit. Für die Aufnahme in den Mönchsorden waren menschlicher Anstand entscheidend, nicht soziale Stellung. Buddha legte Wert auf gute Manieren und gute Erziehung, so dass doch letztlich die Mehrzahl seiner Anhänger aus „guten" Familien kam, sprich: aus ständisch vornehmen Kreisen (Weber 1916-1920/1998, (S. 178)). Er gründete auch einen Frauenorden – für die damalige Zeit ein aufsehenerregender Akt. Gleichwohl war Buddha – wie er seinem Lieblingsschüler Ananda mitteilte – frauenfeindlich, was wohl mit Erfahrungen zusammenhing, die er am Hof von Kapilavastu machte.

Die Ablehnung von Kasten hat zur Folge, dass im Buddhismus die Sanktionen gemäß der Karmalehre mehr auf Lebensglück und -leid abzielen, während sich der Hinduismus vor allem am Kriterium des sozialen Auf- und Abstiegs und der rituellen Reinheit und Unreinheit orientiert. Wer als Hindu aufgrund der peniblen Erfüllung seines Kastendharmas und seiner "rituellen Pflichten" ganz hoch hinaus will, erträumt sich gar eine Wiedergeburt als Gott. „Psychologisch gedeutet ist das Götterreich die Welt des Genusses in der Verblendung, die Welt der Reichen und Mächtigen" (Scherer 2005, (S. 59f.)).

5.6 – Die Vier Edlen Wahrheiten und der Achtfache Pfad

Bei seiner ersten Lehrrede in Sarnath hat Buddha die Vier Edlen Wahrheiten verkündet, die im Zentrum seiner Lehre stehen (Landaw, Bodian 2006, (S.86 ff), (Scherer 2005, (S. 50 ff.)):

1. Das Leben im Kreislauf der Wiedergeburten ist leidvoll.

2. Gier, Hass und Unwissen sind die Wurzeln allen Leidens.

3. Durch Beseitigung der Ursachen erlischt das Leid.

4. Dies geschieht durch das Einschlagen des „Edlen Achtfachen Pfads."

Buddha geht wie ein Arzt vor. Als Erstes beschreibt er einen Krankheitszustand (Leiden), anschließend benennt er die Ursache (Gier, Hass, Unwissen), dann setzt er sich ein Therapieziel (Befreiung von Leiden), schließlich zeigt er den Weg dorthin auf.

Zur Ersten Wahrheit: „Geburt ist Leiden, Alter ist Leiden, Krankheit ist Leiden, Sterben ist Leiden, Trauer, Jammer, Schmerz und Beunruhigung bedeutet Leiden, Abwesenheit von Ersehntem und Anwesenheit von Verhasstem bedeutet Leiden." (Scherer 2005, (S. 50)) Aber es gibt auch schöne Dinge im Leben. Die erste Wahrheit wird oft etwas verkürzt als „Leben ist Leiden" wiedergegeben.

„Das hat zu dem Trugschluss geführt, Buddhas Lehre sei sehr pessimistisch". Zutreffender wäre es, den indischen Begriff dukha mit „unbefriedigend" zu übersetzen. „Die Erste Edle Wahrheit sagt also vor allem aus, dass das Leben unbefriedigend ist. Es gibt keine bleibende Freude, keine dauerhafte Erfahrung von Erfüllung, bevor Befreiung und Erleuchtung erreicht sind. Angenehme Eindrücke wechseln mit unangenehmen, und solange wir die Dinge nicht so sehen können, wie sie wirklich sind, sind wir einer emotionalen Achterbahn von Hochs und Tiefs unterlegen und schaffen mal Glück, mal Leid für uns selbst und andere: Nur Erleuchtung ist höchste, zeitlose Freude"(Scherer 2005, (S. 51)).

Zur Zweiten Wahrheit: Als Verursacher des Leidens nennt Buddha Gier bzw. Anhaftung und Hass, hinter denen letztlich Unwissenheit steht bzw. ein falsches Weltbild. Wieso ein Weiser Gier und Hass abgelegt hat und stattdessen mitfühlend ist, wird bei den Passagen zur Ich-Illusion erläutert. Nach Buddha sind es die sexuelle Begierde, die Lust auf ein ausschweifendes egoistisches Leben und die Begierde nach Lebensvernichtung, die ein platter Materialist hegt, die die Menschen nach Buddha in immer neue Wiedergeburten hineinzwingen. Die Begierde nach Lebensvernichtung erklärt sich aus der Angst vor der späteren Sanktion.

Zur Dritten Wahrheit: Über sein Ideal – nämlich die Vernichtung des Leidens – spricht Buddha sehr nebulös. „Er formuliert es als Vernichtung (nirodha) des unerwünschten Zustands. In anderen Zusammenhängen spricht Buddha vom Ziel seines Weges als Nirwana, „Verlöschen, Verwehen"… In Fragen, die das Jenseits betreffen (Metaphysik), wählt der Buddha also „negative" Beschreibungen, Ausdrücke, die nur sagen, was etwas nicht ist, aber keine positive Schilderung geben. Das ist Absicht. Buddhas Lehre hält als Mittelweg nicht nur Abstand zum plumpen Materialismus, sondern auch zu den Jenseits-Spekulationen der Upanishaden und Asketen" (Scherer 2005, (S. 53)).

Zur Vierten Wahrheit: Um vom Leid befreit zu werden, legt Buddha nahe, den „Edlen Achtfachen Pfad" zu beschreiben.

Der „Edle Achtfache Pfad" setzt sich aus folgenden Elementen zusammen (Scherer 2005, (S. 54)):

1. rechte Anschauung
2. rechter Beschluss
3. rechte Rede
4. rechtes Handeln
5. rechter Lebenserwerb
6. rechte Anstrengung
7. rechte Achtsamkeit

8. rechte Versenkung

Die ersten beiden Punkte betreffen die Ebene der Einsicht, der richtigen Lehre oder des richtigen Weltbildes. Die Punkte 3 bis 5 betreffen Fragen der Ethik, die letzten drei Punkte beziehen sich auf die rechte Konzentration, vor allem auf die Meditationspraxis. Durch diese lässt sich das richtige Weltbild erfahren. Das Leben gemäß diesem Edlen Achtfachen Pfad wird – analog zum Hinduismus - auch als „Dharma" bezeichnet.

Die gelehrten Moralgrundsätze - nämlich rechte Gesinnung, rechtes Handeln und rechtes Reden - sind aus der Karmalehre abgeleitet. Der Buddhismus stellt wegen der postulierten Ursache-Wirkungs-Ketten also nicht – einseitig – auf „Gesinnungsethik" ab, wie dies bei Christen mitunter verbreitet ist. Vielmehr wird das gefordert, was Max Weber als „Verantwortungsethik" bezeichnet hat. Es kommt demnach nicht nur auf gute Gesinnung an, sondern auch und vor allem auf positive Wirkungen der Handlungen. Diese werden von sogenannten „Gutmenschen" oft ausgeblendet. Das Gegenteil von gut ist oft nicht böse, sondern gut gemeint (Karl Kraus), wenn eine solche Handlung Schaden anrichtet.

Dass „Gutmenschen" oder reine Gesinnungsmoralisten sich falsch verhalten können, sieht man etwa an der großen Zahl bettelnder Kinder im „Kuhgürtel" Indiens, die milde Gaben erheischen. Sie werden dann von den Eltern zum Betteln statt in die Schule geschickt, zumal sie oft mehr verdienen als diese. Das ist das sogenannte Samariter-Dilemma. Gemäß der Verantwortungsethik müsste sich der Handelnde aber für eine verbesserte Ausbildung der Kinder engagieren, indem er den Kindern nichts gibt und stattdessen einen Obolus für das Schulsystem leistet. Eine solche Handlung zieht positive Effekte nach sich, die milde Gabe von Touristen an Kinder setzt stattdessen Anreize außer Kraft.

5.7 – Karma und Samsara

Eckpfeiler im buddhistischen Denken sind – wie im Hinduismus auch – die Lehre vom Karma und von Samsara, dem Kreislauf der Wiedergeburten bzw. dem Rad der Existenzen. Karma steht für „Tat" und hat im östlichen Glauben den Charakter eines Naturgesetzes. Alles, was wir denken, sagen und tun, hat Folgen für uns und andere, seien es nun Wohltaten oder Leiden oder neutrale Wirkungen. Wenn wir auf die Folgen reagieren, ergeben sich wiederum neue Wirkungsketten. „Alles, was geschieht, ist so bedingt und bedingend. Karma bezeichnet neben der Gesetzmäßigkeit auch den einzelnen Eindruck im Bewusstsein, der sich in vergangenen, gegenwärtigen oder zukünftigen Bedingungen ausdrückt. Die Folgen unseres Tuns enden demnach nicht mit unserem Tod. Die Geschichten, die wir in diesem

Leben nicht zu Ende bringen, setzten sich nach unserem Tod fort, im Bösen wie im Guten. Wie in einer Kettenreaktion folgt so Wiedergeburt auf Wiedergeburt, die eine bedingt durch die andere. Dies ist der Kreislauf der Wiedergeburten, der „Zustand des Wanderns": Samsara" (Scherer 2005, (S. 55f.)).

Das hinduistische Verständnis von gutem Karma weicht vom buddhistischen insofern ab, weil die Hauptbelohnung aus der Sicht von Hindus darin besteht, in einer höheren Kaste wiedergeboren zu werden. Ein Unterschied zwischen beiden Glaubenssystemen besteht auch dahingehend, dass die Hindus Wiedergeburt mit Seelenwanderung gleichsetzten. Dem gegenüber negierte Buddha die Existenz einer Seele oder eines „Ichs", wie dies gleich näher erläutert wird.

In Buddhas Lehre kommt Gott nicht vor. Buddha hat es als nicht zielführend erachtet, wie Hindus Göttern zu opfern und sie anzuflehen, korrigierend in die Naturgesetze des Karmas einzugreifen. Er hat solche übernatürlichen Fähigkeiten göttlicher Wesen, die nach hinduistischer Lehre in den Wiedergeburtskreislauf eingebunden sind, bezweifelt. Staatdessen hat Buddha auf Selbsterlösung statt göttlicher Gnade gesetzt: „Seine Erlösung ist ausschließlich des Menschen eigene Tat. Es gibt dafür keine Hilfe bei einem Gott oder Heiland. Von Buddha selbst kennen wir kein Gebet. Denn es gibt keine religiöse Gnade" (Weber

1916-1920/1998, (S. 156)). Metaphysischen Spekulationen stand Buddha ablehnend gegenüber, er wollte auf dem Boden des empirisch Erfahrbaren argumentieren.

Wo es im westlichen Denken primär um Moral geht, um die Kategorien von Gut und Böse, betont die buddhistische Lehre vom Karma und von Samsara die Rolle von Weisheit. „Wenn ich hasse, verursache ich viele leidvolle Wahrnehmungen bei mir und anderen. Wenn ich liebe, erzeuge ich viele Glücksmomente. Es ist also keine Frage von Moral, von Sünde oder Schuld, sondern eine Frage der Einsicht, der Weisheit, wenn wir nicht hassen, sondern lieben" (Scherer 2005, (S. 56f.)) – zumal unser Verhalten auf uns zurückfällt.

Der westliche Gegenentwurf zur Karmalehre sind der Glaube an höhere Mächte bzw. an Schicksal und Vorsehung oder die atheistische Sichtweise vom Zufall. „Natürlich lässt sich auf den ersten Blick viel leichter leben, wenn es eine übernatürliche Macht gibt, die uns bestimmt, etwas wie „Schicksal" oder auch Gott. Man atmet schwerer unter der Last der eigenen Verantwortung. Vor allem aber atmet man freier: Echte Freiheit besteht erst da, wo wir die Folgen unserer Entscheidungen selbst tragen müssen. Das ist Karma" (Scherer 2005, (S. 56f.)).

Allerdings ist dem Buddhismus ein innerer Widerspruch inhärent. Die Karmalehre, die alles Leid als selbstgemacht auffasst, implizierte nämlich, dass ein böser Mensch, der einem in der Gegenwart Leid zufügt, die gerechte Strafe für die eigenen Sünden im Vorleben ist. Das wiederum setzte aber – statt eines eher mechanistischen Naturgesetzes - einen höheren Koordinator voraus, der die Menschen - auch in zeitlicher Folge - wie in einem Puzzle miteinander kombiniert. Der Buddhismus glaubt aber, Karma ohne Gott erklären zu können. Außerdem muss dieser Koordinator wollen, dass es ausschließlich selbst gemachtes Leid geben soll. Er ließe sich also – wenn man so will -, das Heft aus der Hand nehmen.

Aus westlicher Sicht ist zu kritisieren, dass im Buddhismus eine explizite Differenzierung zwischen selbst- und fremdverschuldetem Glück und Leid, das aus den Aktionen der anderen resultiert, offensichtlich nicht vorgenommen wird. Es ist zwar richtig, wenn der Weise oder der Moralist, der Glück verbreitet, davon wiederum selbst profitiert. Aber man kann genauso gut glauben, dass das Wohl des Individuums auch von den Handlungen Dritter abhängt. Zu denken ist an sprichwörtlich stiefmütterliche Behandlungen unschuldiger Kinder oder an das Wirken des bösen Nachbarn, neben dem bekanntlich selbst der Brävste nicht in Frieden leben kann. Jene, die von dünkelhaften Mitgliedern sogenannter „besserer" Schichten wie Menschen zweiter oder dritter Klasse behandelt werden, wissen wohl auch ein

Lied darauf zu singen – zumal, wenn sie von jenen abhängig sind oder waren.

Gibt es auch - neben der Kategorie des durch Mitmenschen verursachten Leides - das von oben auferlegte Leid, wie etwa das Los der verstümmelten Lepra-Kranken an den Ghats in Varanasi oder der vielen chancenlosen Analphabeten? Dieses ruft im christlichen Glauben nach Kompensation in der Zukunft. Nach dem Motto von Jesus: „Die letzten werden die ersten sein".

Und dieses Leid mag in der realen Welt der Vernetztheiten einen höheren Sinn haben, falls ein göttlicher Koordinator nach Optimierung strebt und dafür die Lebensgeschichten von Individuen auch in historischer Perspektive sinnvoll miteinander verknüpft. Lässt sich der „Zufall" im Sinne der Wissenschaft nicht auch letztlich als „Zu-Fall" theistisch interpretieren? Erleben wir in der realen Welt nicht einen von oben gesteuerten gigantischen Evolutionsprozess? Muss nicht das Leid sein, um nach Glück bzw. Methoden zu dessen Ausmerzung streben zu können? Vielleicht kommt man der Wahrheit näher, wenn man spezifisch östliche Glaubenssätze mit spezifisch westlichen kombiniert.

Ist angesichts des breiten Elends und des zum Himmel schreienden Leidens auf dieser Welt, für das die Leprakranken auf den Ghats von Varanasi hier stehen, wirklich indische Immunität und Herzlosigkeit angebracht? Freilich predigt der

Buddhismus hier Mitleid gegenüber jeder leidenden Kreatur, das man empfinde, wenn man die „Ich-Illusion" hinter sich gelassen habe. Doch selbst grenzenloses Mitleid von Mönchen wirkt hier nur wie ein Tropfen auf dem heißen Stein. Die westliche Antwort auf Leid und Not sind ein effizientes Wirtschafts- und Sozialsystem, gepaart mit christlicher Nächstenliebe.

5.8 – Warum sich Buddha aus dem Rad der Wiedergeburten befreien möchte

Was steht psychologisch hinter Buddhas Erlösungsstreben? Lassen wir den großen Gesellschaftsforscher und Religionsphilosophen Max Weber zu Wort kommen: „Nicht Erlösung zu einem ewigen Leben also, sondern zur ewigen Todesruhe wird begehrt. Der Grund dieses Erlösungsstrebens ist beim Buddhismus wie bei den Indern überhaupt, nicht etwa „Überdruss am Leben", sondern Überdruss am Tod. Dies zeigt am deutlichsten schon die Legende von den Erlebnissen, welcher der Flucht des Buddha aus dem Elternhaus, von der Seite der jungen Frau und des Kindes, in die Waldeinsamkeit vorausgingen. Was nutzt die Herrlichkeit der Welt und des Lebens, wenn sie unausgesetzt von den drei Übeln der Krankheit, des Alters und des Todes bedroht ist? Wenn alle Hingabe an die irdische Schönheit nur den Schmerz, und vor allem: die Sinnlosigkeit der

Trennung, einer in einer Unendlichkeit stets neuer Leben immer erneuten Trennung steigert? Die absolut sinnlose Vergänglichkeit von Schönheit, Glück und Freude in einer ewig bestehenden Welt ist auch hier das, was die Weltgüter endgültig entwertet" (Weber 1916-1920/1998, (S. 157)).

An einer anderen Stelle heißt es: „Immer wieder wurde die Seele verstrickt in die Interessen des Daseins, mit allen Fasern ihres Herzens gekettet an Dinge und vor allem an geliebte Menschen, - und immer erneut sollte sie sinnlos von ihnen losgerissen und durch Wiedergeburt in andere unbekannte Beziehungen verstrickt werden, mit dem gleichen Schicksal vor sich. Dieser „Wiedertod" war, wie zwischen den Zeilen mancher Inschriften und auch der Predigten Buddhas und anderer Erlöser erschütternd zu spüren ist, das, was in Wahrheit gefürchtet wurde" (Weber 1916-1920/1998, (S. 69)).

5.9 – Die Lehre vom Nichtselbst, die fünf Skandhas und die „Ich-Illusion"

Während der Hinduismus auf der Vorstellung einer Seele gründet, lehnt der Buddhismus dieses Gedankenkonstrukt ab. Er negiert die Existenz einer Seele oder eines Selbst als persönliche und dauerhafte Einheit und stuft sie als Täuschung über die Beschaffenheit der Welt ein. Buddha hat vielmehr vom Nicht-Selbst gesprochen. Es gibt demnach kein Selbst als Wesenseinheit oder

Konstante. Vielmehr besteht der Mensch laut Buddha aus ständig im Wandel begriffenen Faktoren wie Körper, sinnlichen Wahrnehmungen, Emotionen, Gedanken und Bewusstsein.

Der Entwicklungspfad, den der Mensch vom Embryo bis zum Greis durchschreitet, ist von einer Mischung aus Wandel und Kontinuität gekennzeichnet. Ein Mensch im Alter von 60 ist zwar immer noch derselbe wie der, der er mit 16 war, aber als gereifteres Wesen ist er doch wieder ein anderer. (Scherer 2004, (S. 60)). „Wir sind, was wir waren und auch wiederum nicht, alles unterliegt ständigem Wandel... So wie aus Milch Dickmilch wird, aus Dickmilch Butter und aus Butter Butterschmalz, so bietet auch die eine Existenz die Grundlage der nächsten, ist darin enthalten und ist doch nicht dieselbe" (Scherer 2004, (S. 60)).

„Mit der Nicht-Ich-Lehre hat die erste Wahrheit vom Leiden eine paradoxe Bedeutung bekommen: Das Leiden, das wir (wegen der „Ich-Illusion", d. V.) subjektiv erfahren, ist vom absoluten Standpunkt aus gesehen eine Illusion – es gibt Leiden, aber niemand leidet! Auf unserer unerleuchteten Ebene ist es freilich sehr wirklich" (Scherer 2004, (S. 61)).

Buddha machte fünf Faktoren für die Illusion vom Ich als getrennte Wesenseinheit verantwortlich: die fünf Skandhas oder Gruppen des Anhaftens. So ruft ein äußeres Objekt (Seh-, Hör-, Riech- ,Schmeck- und Tastobjekt) beim Menschen wegen seiner Sinnesorgane einen Sinneseindruck hervor, dieser wird durch die Wahrnehmung in seiner Eigenart erkannt, das Wahrgenommene wird durch das Gehirn geistig und gefühlsmäßig eingeordnet, wodurch sich Absichten und Strategien herausbilden, die Willensregung lässt den Eindruck entstehen, drinnen und draußen seien getrennte Welten und es gäbe ein eigenes Ich (Scherer 2004, (S. 60 ff.)). Durch die Kette „Körperlichkeit, Empfindung, Wahrnehmung, Tatabsicht, Bewusstsein" entsteht somit eine dualistische oder dichotomische Sicht vom Ich und von der Welt.

Die „Ich-Illusion" entsteht in unserem Gehirn. Sie ist dafür verantwortlich, wenn wir uns auf Ego-Trip befinden, Neid und Hass entwickeln und nach Macht streben. Wer die Ich-Illusion ablegt, ist laut Buddha weise und zu Mitgefühl und Mitleid fähig, weil er die Ganzheit des Universums erkennt und weiß, dass die einzelnen Geschöpfe im selben Boot sitzen und interagieren.

Viele Menschen aus dem Westen haben Probleme mit dem Konzept des ich-losen und entseelten Menschen. Man rätselt, wie der Kreislauf der Wiedergeburten disziplinierend wirken kann, wenn es nicht „ich" bin oder die Seele ist, der/die die wiedergeboren wird. Da könnte man sich auf den Standpunkt stellen: Egoismus ist angesagt, denn nach mir kommt die Sintflut. Gehört nicht der Glaube, dass dem

Menschen etwas Unsterbliches anhaftet, ebenso axiomatisch zur menschlichen Natur wie der Glaube an höhere Mächte? Ist es nicht rein logisch so, dass die von Buddha propagierte Selbstverantwortung und das Gewissen, das letztlich hinter den Regeln der Ethik steht, eine Individualität voraussetzen? Freilich: Der Buddhismus (wie auch der Hinduismus) kennt den Begriff des Gewissens nicht (Weber 1916-1920/1998, S. 159).

5.10 – Zur Rolle der Individualität

Buddha, der die Seele bestreitet, weil sie „die Grundursache aller erlösungsfeindlichen Illusionen" sei (Weber 1916-1920/1998, (S. 157)), sieht in der Individualität ebenfalls einen Treibriemen für das Rad des Lebens. Aus diesem Rad des Lebens möchte er aussteigen, um jene Erlösung zu finden, die er – sehr subjektiv - für die einzig wahre hält. Freilich gibt es auch andere Erlösungsvorstellungen.

Was ist das seiner Meinung nach Fatale an der Individualität? Lassen wir Max Weber zu Wort kommen: „Worin ... besteht bei der Individualität ... Zweck und Sinn? In dem einheitlichen Wollen des Individuums. Und der Inhalt dieses Wollens? Die Erfahrung lehrt, dass alles Wollen der Individuen in hoffnungsloser Vielheit auseinander und gegeneinander strebt und nur in einem einzigen Punkt einig ist: sie alle wollen existieren.

Letztlich wollen sie eben gar nichts anderes als dieses. All ihr Kämpfen und Tun, wie immer sie es vor sich und anderen illusionistisch einkleiden mögen, hat letztlich nur diesen einzigen letzten Sinn: den Willen zum Leben. Er, in seiner metaphysischen Sinnlosigkeit, ist es also, der letztlich das Leben zusammenhält. Er ist es, der Karma erzeugt" (Weber 1916-1920/1998, (S. 157)).

Fixiert auf das Ziel des „Erlöschens" statt auf Leben und andere Erlösungsvorstellungen folgert Buddha daraus: „Ihn – den Lebenswillen, d. V. – gilt es zu vernichten, wenn man dem Karma entrinnen will. Der Wille zum Leben, oder wie der Buddhismus sagt: der „Durst" nach Leben und Handeln, nach Genuss und Freude, vor allem nach Macht, aber auch nach Wissen oder nach was es immer sei – der ist allein das „principium individuationis". Er allein macht aus einem Bündel an psychophysischen Vorgängen, welches die „Seele" empirisch ist, ein „Ich". Nach einer Art von (wie wir sagen würden) „Gesetz zur Erhaltung der Individuationsenergie" wirkt er über das Grab hinaus" (Weber 1916-1920/1998, (S. 160)).

5.11 – Fazit zum „Ich-Problem"

Das Ich scheint letztlich eine Natur zu haben, die in der Mitte zwischen Sein und Nichtsein angeordnet ist. Einerseits ist das Ich etwas Irreales, bedenkt man, wie sehr der Mensch in seine Außenwelt eingebunden ist. Er besteht aus Zellen, die aus der Verwertung von tierischer und pflanzlicher Nahrung entstehen. Er atmet Luft, die schon Milliarden von Menschen durch ihre Lungen gesogen haben – Schwerverbrecher ebenso wie Tugendhafte. Neben dem von den Eltern empfangenen Erbgut ist der Mensch durch den Umgang mit anderen Menschen und deren Ideen geprägt. Ohne diese mannigfaltigen Vernetzungen wären wir ein Nichts.

Vor diesem Hintergrund erscheint es sehr vermessen, von einem Ich zu sprechen, das die Früchte seines Tuns ausschließlich als Eigenleistung deklariert. Die Menschheit verdankt z.B. Einsteins Erkenntnisse nicht nur Einstein selbst. Nicht nur seine Lehrer haben Anteil daran; das gilt auch für seine Hausgehilfin, die ihm die Arme bzw. besser den Kopf freihielt, damit er die – letztlich göttlichen Eingebungen – empfangen konnte.

Andererseits ist das Ich etwas sehr Reales, weil es mit einem individualistischen Überlebenswillen einhergeht, der jeder Kreatur innewohnt. Auch ist das Individuum in Grenzen frei und das Gewissen individualisiert. Es ist das natürliche Pendant zur Seele.

5.12 – Die Vernetztheit aller Phänomene und das Prinzip der Leere

Der Buddhismus predigt die Vernetztheit aller Phänomene, er spricht den von uns wahrgenommenen einzelnen Phänomenen ebenso wie dem Menschen Wesenshaftigkeit ab. Dies wird als „Leere" bezeichnet. Wenn den Dingen Leere bescheinigt wird, bedeutet dies nicht, dass deren Existenz bestritten wird. Vielmehr ist gemeint, dass Dinge realiter frei sind von Eigenschaften an sich, die ihnen nach dieser Auffassung lediglich in der menschlichen Phantasie anhaften. Der Buddhismus ist also keine nihilistische Philosophie, wie das fälschlicherweise oft behauptet wird. Er lehnt vielmehr nur die Vorstellung vom unabhängigen oder monolithischen Charakter der realen Phänomene ab und betont deren grundsätzliche Einheit (Landaw, Bodian 2006, S. 311 f)).

„Die buddhistische Idee von der gegenseitigen Bedingtheit ist gleichbedeutend mit der Leerheit, diese wiederum kann als Synonym für die Vergänglichkeit gelten. Die Welt ist wie ein dynamischer Strom von Ereignissen, die alle miteinander verbunden sind und ständig interagieren" (Ricard, Thuan 2008, (S. 399).

5.13 – Karma, Vernetztheit, Determinismus und Freiheit

Die buddhistische Karmalehre auf der Basis der Vernetztheit aller Phänomene stellt sich für das Individuum aus der Sicht der Gegenwart als zweigeteiltes System aus determinierter Vergangenheit und offener Zukunft dar. In der Gegenwart erlebt man nach dieser Vorstellung die karmischen Ergebnisse früherer Handlungen. So gesehen sind Glück oder Leid eines Individuums durch dessen Aktivitäten in der Vergangenheit determiniert. Doch wäre es eine Fehlinterpretation des Buddhismus, unliebsame Situationen als Kismet oder Schicksal hinzunehmen. „Ihr Karma ist keine fixierte, unveränderliche Bestimmung, die sie passiv akzeptieren müssen und die Ihnen wie ein Blatt bei einem Kartenspiel ein für allemal vom Universum ausgeteilt wird" (Landaw, Bodian 2006, S. 339). Vielmehr billigt Buddha dem Menschen Entscheidungsfreiheit zu. Er legt durch sein heutiges Denken, Reden und Handeln bereits die Grundsteine für sein späteres Wohl und Wehe.

Freilich ist hier kritisch anzumerken, dass die vom Buddhismus unterstellte (und wohl auch reale) Entscheidungsautonomie letztlich bedeutet, dass das Geschehen in der Welt Freiheitsgrade besitzt. Dies läuft der buddhistischen Vorstellung von Karma als mechanistischem Räderwerk – also als gesetzmäßiger Zusammenhang, der prognostizierbar ist – zuwider. Das Handeln ist nicht zwangsläufig mit der vorgelagerten Ursache verknüpft. Man kann durchaus seinem Feind – wie Jesus – mit Liebe begegnen. Und umgekehrt kann auch der Spruch gelten: Undank ist der Welten Lohn.

5.14 – Menschlich erfahrbare Realität als empirisches Phänomen

Anders als in der hinduistischen Lehre, wie sie der Religionsphilosoph Shankara im 8. Jh. n. Chr. entwickelte, werden die Phänomene von Buddha nicht als Illusion oder Gaukelspiel unserer Sinne interpretiert, obwohl dies fälschlicherweise öfters behauptet wird. (Landaw, Bodian 2006, (S. 335)). Die These von der Welt als Illusion wird vielmehr als Hindernis für die spirituelle Entwicklung von Menschen betrachtet. Es leistet nämlich Rücksichtslosigkeit und Egoismus Vorschub, wenn der Glaube vorherrscht, das Gesetz von Ursache und Wirkung sei Illusion.

Buddha spricht den Phänomenen nicht die empirische Existenz ab. Er hält sie sehr wohl für real. Die unerleuchteten Menschen haben nach seiner Vorstellung allerdings eine falsche Auffassung von der Natur der Erscheinungen. „Dinge sind keine Illusionen; Dinge sind wie Illusionen: Sie scheinen auf die eine Art zu existieren, existieren aber in Wirklichkeit auf eine andere Art. So kann bei einer optischen Täuschung eine Linie länger aussehen als eine andere, in Wirklichkeit aber kürzer sein. Auf dieselbe Art kann die Wirklichkeit als Sammlung solider, separater, materieller Objekte erscheinen. Tatsächlich ist sie jedoch ständig im Wandel begriffen, alles ist mit allem verbunden, und nichts existiert so separat und unabhängig, wie es zu sein scheint " (Landaw, Bodian 2006, (S.

335))."Wenn Sie nur die Oberfläche (eines Ozeans, d. V.) sehen, könnten Sie irrtümlich glauben, dass der Ozean aus einer Reihe separater Wellen besteht, die nacheinander kommen und gehen. Doch wenn Sie unter die Oberfläche blicken, erkennen Sie, dass der Ozean viel umfassender und geheimnisvoller ist, als Sie anfänglich glaubten – so wie die Wirklichkeit" (Landaw, Bodian 2006, (S. 335)).

Die Welt der Erscheinungen ist somit relativ wahr, ultimativ wahr ist laut Buddha das Prinzip der Leere. „Leere und die relative, oberflächlichere Erscheinung der Dinge können nicht getrennt werden. Ein berühmter Zen-Ausspruch sagt: Berge und Flüsse sind wirklich Berge und Flüsse, und zugleich auch nicht (Landaw, Bodian 2006, (S. 336)).

5.15 – Die Erleuchtung und das Nirwana

„Das Forschen über das Wesen von Nirwana galt dem korrekten Buddhismus geradezu als Ketzerei" (Weber 1916-1920/1998, (S. 158)). Im Westen wird das Nirwana – also das Verlöschen des Leidens - oft nihilistisch interpretiert. „Zwar nicht sprachlich, wohl aber sachlich, wäre es ganz unbedenklich, (Nirwana, d. V.) ..., wie es populär oft geschah, mit „Nichts" zu übersetzen. Denn unter dem Aspekt der Welt – (nicht der Heilslehre, d. V.) und von ihr aus gesehen, wollte es ja in der Tat nichts anderes sein" (Weber 1916-1920/1998,

(S. 260)). Für Menschen, die ihre eigene Person ins Zentrum des Erlebens stellen und die atheistisch denken, scheint der Tod tatsächlich als Zustand zu erscheinen, in dem ein großes Nichts herrscht.

Gegen diese Deutung, die schon zu Buddhas Zeiten verbreitet war, setzte sich der Meister zur Wehr. „Mich …schmähen einige Wanderasketen und Brahmanen unwahr: „Nihilistisch ist der Wanderasket Gautama, er verkündigt eines seienden Wesens Ausrotten, Vernichtung, Verschwinden". Das …aber behaupte ich nicht… Sowohl früher als auch jetzt verkündige ich (lediglich die Lehre vom) Leiden und (die Lehre vom) Erlöschen des Leidens" (Buddha, zitiert nach Scherer 2005, (S. 66)). Nirwana wird von Buddha also negativ definiert – also durch das, was in diesem Zustand nicht ist.

Bereits zu Lebzeiten ist nach Buddha Erleuchtung und Eintritt in das Nirwana möglich: „Die Erleuchtung …ist (nach Buddha, d. V.) nicht ein freies göttliches Gnadengeschenk, sondern Lohn unausgesetzter meditierender Versenkung in die Wahrheit, zur Ablegung der großen Illusionen, aus denen der Lebensdurst quillt." (Weber 1916-1920/1998, (S. 161)). Mit Nirwana sind grenzenloses Mitgefühl und Glück gemeint, Verlöschen des falschen Egos. Es ist „ein Zustand jenseits von Sein und Nichtsein" (Scherer 2004, (S. 67)), der bereits mit der Erleuchtung einsetzt (vorläufiges Nirwana im Leben im Gegensatz zum nach-tödlichen Nirwana). Im Nirwana sind die fünf Gruppen des Anhaftens (Skandhas) erloschen, das Karma ist aufgebraucht, der Kreislauf der Wiedergeburten (Samsara) ist durchbrochen. "Nirwana und Samsara sind wie zwei Seiten einer Medaille" (Scherer 2004, (S. 68)). Nirwana ist die wirkliche Natur der Dinge, letzte Wirklichkeit ist nach Buddha die Leere.

Der Idealzustand nach Buddha lässt sich also charakterisieren durch höchstes Glück sowie das völlige Fehlen negativer Emotionen. Diese Sicht der Dinge muss allerdings kritisch hinterfragt werden, weil negative Emotionen teils wichtige Anreize ausüben. Zu denken ist etwa an die Schutzfunktion im Umgang mit Aggressoren: „…Negative Emotionen haben auch außerordentlich wichtige Funktionen für das Überleben des Organismus. Sie sind vermutlich kein sinnloses Nebenprodukt der biologischen Evolution, sondern blieben erhalten, weil sie dem Überleben dienen. Sie schützen uns und helfen uns, aversive oder gefährliche Situationen zu vermeiden" (Singer und Ricard 2008, (S. 26)). Das heißt im Umkehrschluss: Unterdrücken wir diese Gefühle durch Einsicht und kontemplative Techniken, ist das Leben möglicherweise riskanter als zuvor.

Auch fragt sich, ob es nicht ein Evolutionshindernis im Diesseits darstellt, wenn wie immer geartete höchste Seligkeit das ist, wonach wir streben sollten. Gerade suboptimale Zustände sind es, die zu Verbesserungen und Fortschritt anregen. Im dynamischen und entwicklungshistorischen Kontext ist oft Leid in der Vergangenheit Voraussetzung für Glück in der Zukunft. Dahinter mag sich ein göttlicher Plan verbergen.

5.16 – Meditation und Aufhebung der Subjekt-Objekt-Trennung

Meditation spielt sowohl im Hinduismus als auch im Buddhismus eine wichtige Rolle. Es gibt wissenschaftliche Ergebnisse darüber, wie Meditation auf die Hirnströme wirkt. Der Dalai Lama hat acht seiner Mönche in die USA geschickt, die neurobiologisch untersucht worden sind.

„Bereits vor der Meditation war die Gamma-Aktivität im Gehirn deutlich stärker als bei anderen Versuchspersonen, insbesondere über dem für das emotionale Gleichgewicht so zentralen Frontalcortex" (http://www.geistigenahrung.org/ftopic40583.html). Ferner waren die Gamma-Oszillationen extrem koordiniert. „Wenn alle Nervenzellen synchron schwingen, wird alles eins, man differenziert weder Subjekt noch Objekt" (ebenda). Man hat also das Gefühl einer intuitiven Einheit. Genau das ist das Ziel der Meditation. Während der Meditation ist das Gehirn in einem Zustand ausgeprägter Aufmerksamkeit oder Höchstkonzentration, man schaltet also nicht ab, wie manche fälschlicherweise meinen.

Menschen mit Meditationserfahrung empfinden nach ihren Aussagen mehr Ausgeglichenheit, Optimismus, Mitgefühl und Glück als sie dies bei jenen vermuten, die mit dieser kontemplativen Technik nicht vertraut sind. Das sind hohe Werte. Es ist sicher sinnvoll, wenn der Mensch seine Aufmerksamkeit öfters auf die Innenschau fokussiert, statt ausschließlich auf Außenprogramm eingestellt zu sein. Meditation kann auch gegen westliche Stresskrankheiten helfen.

5.17 – Wie der Buddhismus die Zeit einstuft

Nach dem Buddhismus ist „die absolute Natur der Zeit … ihre Leerheit, also die Abwesenheit einer inhärenten Natur. Man nennt das im Buddhismus den „vierten Aspekt der Zeit, der über die drei anderen (Vergangenheit, Gegenwart und Zukunft hinausgeht""(Ricard und Thuan 2008, (S. 201)). Eine absolute oder physikalische Zeit hat keinen Platz im buddhistischen Weltbild: „Eine Zeit an sich existiert nicht. Das Vergehen der Zeit kann im gegenwärtigen Augenblick nicht erfasst werden, weil dieser ja nicht vergeht und auch nicht genügend „Volumen" aufweist, um einen Anfang und ein Ende zu haben. Von diesem gegenwärtigen Moment aus gesehen ist die Vergangenheit tot und die Zukunft noch nicht geboren. Wie sollte also eine Gegenwart Realität gewinnen – angesiedelt zwischen dem, was nicht mehr ist und dem, was noch nicht ist?

Die Zeit gehört auf die relative Ebene der Erscheinungswelt. Sie spielt nur als gelebte Zeit eine Rolle, da sie sich ausschließlich auf vom Betrachter wahrgenommene Veränderungen bezieht" (Ricard und Thuan 2008, (S. 192 f.)). „Kurz gesagt ist die Zeit eine Art, die Erscheinungswelt wahrzunehmen. Ohne Phänomene gibt es keine Zeit" (Ricard und Thuan 2008, (S. 201)).

Die buddhistische Zeit unterscheidet sich in zweifacher Hinsicht von der Auffassung Einsteins. Zur absoluten und physikalischen Zeit, deren Existenz vom Buddhismus geleugnet wird, sagt Einstein, diese sei immer da. Glaubt man an ein ewiges All mit Myriaden an vergänglichen Universen – zu denken ist dabei etwa an das Blasen-Multiversum Vishnus gemäß der hinduistischen Kosmologie –, dann liegt der Gedanke an eine ewig existente Zeit nahe. Glaubt man aber, dass die Realität nur aus unserem Universum besteht, dann hat auch schon Kirchenvater Augustin postuliert, dass die Welt nicht in der Zeit, sondern zusammen mit der Zeit entstanden ist. „ ‚Vor' dem Kosmos ist also nur der Schöpfer, ‚vor' der Zeit nur die Ewigkeit" (Küng 2008, (S. 139)).

Zweitens hält Einstein die Einteilung der psychologischen Zeit in Vergangenheit, Gegenwart und Zukunft letztlich für eine Illusion, während der Buddhismus ihr Realitätsgehalt in der subjektiv wahrgenommenen Welt der Erscheinungen zubilligt. Vielleicht sind wir nichts anderes als ein gelebter Gedanke Gottes und spielen selbst nur eine passive Rolle. Dann wäre unsere Vorstellung von einer offenen Zukunft illusionär. Wenn uns Gott aber Freiheitsgrade einräumt, wenn wir de facto unser Leben gestalten können, dann ist die psychologische Zeit keine Illusion.

„Der französische Philosoph Henri Bergson konnte die Vorstellung Einsteins, nach der die (psychologische, d. V.) Zeit nicht mehr als eine Illusion ohne Realität oder gar Dauer ist, niemals akzeptieren. Er glaubte, dass die Zeit eine Ausdehnung …besitzen müsse, da nur diese spürbare Zeit mit der menschlichen Erfahrung konform gehe. Nur die Dauerhaftigkeit der Zeit garantiere die menschliche Freiheit, die Schöpfung, den Fortschritt und die Erfindung von Neuheiten, also das freie Spiel des menschlichen Geistes. Auch der deutsche Philosoph Edmund Husserl wies der Zeit eine irreduzible Ausdehnung zu, was die moderne Neurobiologie bestätigt." (Ricard und Thuan 2008, (S. 201)).

Freilich ist es so, dass ein allwissender Gott keiner Zeit bedarf. Anders ausgedrückt weiß er bereits „heute", wie wir uns „morgen" entscheiden und er kann uns unser „zukünftiges" Schicksal oder die „später" erfolgenden Weichenstellungen bereits in die Wiege legen. So gesehen ist Zeit eine Illusion.

5.18 – Besonderheiten des Mahayana-Buddhismus

Der Buddhismus, wie er ursprünglich von Buddha gelehrt worden ist, lehnte Gott oder Götter oder Heilandsfiguren ab. Postuliert wurde, dass der Mensch durch Eigenanstrengung Erleuchtung finden und ins Nirwana eingehen kann. Diese Religion sprach eine schmale Gruppe von Mönchen an, auf die die Erlösung beschränkt war. Sie war aber nicht auf die Bedürfnisse der breiten Bevölkerung zugeschnitten, sondern vielmehr auf die einer schmalen, philosophisch angehauchten Bildungsschicht, die ins Kloster ging.

„Die Laien begehrten Nirwana nicht und konnten mit einem nur exemplarischen Propheten der Selbsterlösung wie Buddha nichts anfangen. Sondern sie verlangten nach Nothelfern für das diesseitige Leben und nach dem Paradies für das jenseitige" (Weber 1916-1920/1998, (S. 189)). Deshalb entwickelte sich aus dem Urbuddhismus der Mahayana-Buddhismus, der um die Zeitenwende unter der Fremdherrschaft von König Kanischka von Kaschmir und Nordwesthindustan eine Missionsreligion wurde (Weber 1916-1920/1998, (S. 201)).

„Der Urbuddhismus befriedigte in gar keiner Art das eigentlich religiöse Bedürfnis nach emotionalem Erleben des Überweltlichen und nach Nothilfe in äußerer und innerer Bedrängnis. Jenes ungebrochene emotionale Bedürfnis insbesondere war und ist überall für den psychologischen Charakter der Religion bei den Massen das ausschlaggebende im Gegensatz zu dem rationalen Charakter der Intellektuellensoteriologie" (Weber 1916-1920/1998).

Im Mahayana – Buddhismus sind höhere Mächte durch die Hintertüre eingeschleust worden, so die Bodhisattvas als lebende Heilande oder die Barmherzigkeitsgöttin Guanyin, die in Japan Kannon heißt. Ferner wird Buddha selbst verehrt wie ein Gott. Außerdem glaubte man wieder – wie im Hinduismus – zumindest an eine Weltenseele.

„Der Bodhisattva gewinnt... die Fähigkeit, nicht nur sein eigenes Heil zu erzeugen, sondern – worauf es ankommt – einen Thesauros von Verdienst anzuhäufen, aus welchem er Gnade spenden kann. Er ist also in diesem Sinne souverän gegenüber der ehernen Macht der Karma-Vergeltung. Damit war theoretisch die Grundlage dafür gewonnen, was man für die religiösen Bedürfnisse der aliteratischen Laienschaft benötigte und was der alte Buddhismus nicht hatte bieten können: lebende Heilande und die Möglichkeit der Spendung von Gnade" (Weber 1916-1920/1998, (S. 193 f.)).

Auch bei Buddha vollzog sich der „typische hinduistische Vergottungsprozess" (Weber 1916-1920/1998, (S. 189)). „Die Mahayanisten entwickelten die „Triyaka"-Theorie: die Lehre von dem übernatürlichen Wesen des Buddha"(ebenda).

Der Mahayana-Buddhismus verknüpfte die Wiedergeburtstheorie mit der hinduistischen Weltepochentheorie: "Die Welt ist ewig, verläuft aber …in immer neuen endlichen Epochen. Es gab nun in jeder Weltepoche einen, im Ganzen also unendlich viele Buddhas. Der historische Gautama Buddha der jetzigen Epoche hat 550 Wiedergeburten vor dem Eingang nach Nirwana durchgemacht". Im Himmel wartet dem Mahayana-Buddhismus zufolge bereits Maitreya. Er ist Boddhisatva, der – in einer neuen Weltepoche – das letzte Mal auf die Erde hinabsteigt, um zum Buddha der Zukunft zu werden.

Bereits im 3. Jh. v. Chr. zu Zeiten des berühmten Herrschers der Maurya-Dynastie Ashoka hatte der Mahayana- Buddhismus in Indien eine hohe Zahl von Anhängern. Der Buddhismus ist heute in seinem Ursprungsland aber fast ausgerottet. Der Mahayana-Buddhismus wird in China, Taiwan, Korea, Japan, Vietnam, Nepal, Tibet, Bhutan und der Mongolei praktiziert (Wikipedia, Mahayana).

5.19 – Die „Nur-Geist-Philosophie"

Die „Nur-Geist-Philosophie" ist eine bedeutsame Strömung des Mahayana-Buddhismus aus dem 4. Jh. n. Chr. Sie wurde von Asanga und Vasubandhu begründet. Asanga war der Ansicht, dass er seine Eingebungen von Maitreya, dem Buddha der Zukunft, empfangen habe.

Nach der Nur-Geist-Schule gibt es letztlich die empirische Welt nicht. Vielmehr ist sie eine Projektion des (menschlichen) Geistes, der die wahre Natur der Welt nicht wahrnimmt (Scherer 2005, (S. 119)). Die wahre Natur der Welt sei leer. „Durch Verblendung, Verwirrtheit nehmen wir das Geschehen auf der Leinwand wahr und erkennen nicht das Wesen der Bilder, deren Teil wir ausmachen. Und Erleuchtung meint demnach Rückkehr zum ursprünglichen Zustand des Geistes" (Scherer 2005, (S. 119)). „In seiner absoluten Form ist der Geist von drei grundlegenden Merkmalen gekennzeichnet: Leerheit, Klarheit (Fähigkeit zur allumfassenden Erkenntnis) und spontanes Mitgefühl" (Ricard und Thuan 2008, (S. 440)). Und es ist (menschlicher) Geist, der die letzte Wirklichkeit oder wahre Natur der Dinge als formlos wahrnimmt.

Gleichwohl kann (menschlicher) Geist die empirische Welt der Erscheinungen wissenschaftlich ergründen und zu handfesten Ergebnissen führen. So gesehen ist die Welt doch real aus der subjektiven Perspektive von Menschen. Auch wenn wir letztlich nichts anderes sind als ein in unsere Welt projizierter Gedanke Gottes. Die letzte Wahrheit für uns Menschen dürfte somit zwischen den Kategorien Sein und Nichtsein angesiedelt sein – ebenso wie das Nirwana.

Beim Geist, den die „Nur-Geist-Philosophie" durch die Vokabeln Leerheit, Klarheit und Mitgefühl charakterisiert, handelt es sich im Prinzip um eine Gottesdefinition. Es ist hier ein formloser abstrakter Gott gemeint - im Sinne von Vishnu (in seiner Eigenschaft als Hochgott), Allah und dem heiligen Geist der Christen. Der Universalgeist ist zwar formlos, ihm werden aber personelle Eigenschaften zugesprochen: Er besitzt spontanes Mitgefühl(wie „Gott Vater", wenn man so will).

Die Ähnlichkeiten zwischen der „Nur-Geist-Philosophie" und den Erkenntnissen moderner Naturwissenschaften sind verblüffend. Die Verknüpfung zwischen Quantenphysik und spezieller Relativitätstheorie zeigt, „dass Materie nicht fest ist, sondern die starre äußere Form aus Energie und Bewegung entspringt. Gemäß Heisenbergs Unschärferelation kann man nie Ort und Geschwindigkeit eines Teilchens zur gleichen Zeit genau messen – die Welt, wie wir sie erleben, ist ein Widerspruch! Die spezielle Relativitätstheorie lehrt uns, dass Raum und Zeit nicht absolut sind. Ohne Beobachter manifestiert sich keine Welt, sondern es gibt nur eine Ansammlung von Möglichkeiten. Erst durch den Prozess des Beobachtens wird eine der zahlreichen Möglichkeiten zur Wirklichkeit: So entsteht unsere Welt!" (Scherer 2005, (S. 119 f)).

5.20 – Buddhistisches Weltbild und moderne Naturwissenschaft

Der Buddhismus betont die wechselseitige Abhängigkeit der Phänomene. Nach diesem Weltbild ist „die Realität ... nicht mehr lokal und fragmentiert, sondern ganzheitlich und global. ...Diese Vernetztheit der Wirklichkeit zeigt sich auch in verschiedenen physikalischen Experimenten. In der atomaren und subatomaren Welt können wir an den sogenannten EPR-Versuchen ablesen, dass die Realität „unteilbar" ist, dass zwei Lichtpartikel, die miteinander interagiert haben, weiterhin Teile einer einzigen unteilbaren Welt sind, auch wenn sie sich wieder trennen. Wieweit sie auch voneinander entfernt sein mögen, ihr Verhalten ist miteinander korreliert, obwohl keinerlei Information zwischen ihnen fließen kann. In der makroskopischen Welt ist es das Foucault'sche Pendel, das uns beweist, dass wir untrennbar mit dem ganzen Universum verbunden sind. Was sich auf unserer winzigen Erde abspielt, wird letztlich in den Weiten des Weltraums entschieden"(Ricard und Thuan 2008, (S. 397)).

Der Buddhismus negiert die unveränderliche Eigennatur und lehrt uns - ebenso wie Einstein -, dass Dinge nur in Bezug auf andere definierbar sind. Einstein hat uns gezeigt, dass Raum und Zeit relativ sind und „dass ihre Natur von der Bewegung des Beobachters abhängt und von dem Gravitationsfeld, in dem dieser sich befindet. An den Rändern eines schwarzen Loches, einer Raum-Zeit-Singularität, in der die Schwerkraft so stark ist, dass nicht einmal das Licht ihr entkommen kann, ist eine Sekunde genauso lang wie die Ewigkeit" (Ricard und Thuan 2008, (S. 398)).

Der Buddhismus lehrt das Prinzip der Leere, das ist das Fehlen einer Eigennatur der Dinge. „Auch dieses Prinzip wurde in der Physik formuliert. Die Quantenmechanik sagt uns hier dasselbe. Nach Bohr und Heisenberg können wir von Atomen oder Elektronen nicht von als real existierenden Einheiten sprechen, die ganz bestimmte, messbare Eigenschaften wie einen Ort im Raum oder eine Geschwindigkeit haben. Unsere Welt besteht nicht mehr aus kleinsten dinghaften Elementen, sondern aus Möglichkeiten und Wahrscheinlichkeiten. Die Natur der Materie und des Lichts wird zum Spiel gegenseitiger Interdependenzbeziehungen: Sie ändert sich in Abhängigkeit von der Interaktion zwischen Beobachter und beobachtetem Phänomen. Sie ist nicht mehr eindeutig und definierbar, sondern wird in ihrer Struktur zweiwertig und komplementär. Das Phänomen, das wir „Teilchen" nennen, stellt sich als Welle dar, wenn wir es nicht beobachten. Sobald aber eine Messung oder Beobachtung im Spiel ist, nimmt es Teilchencharakter an. Daher hat es keinen Sinn, von der „Natur" oder vom „Wesen" des Teilchens zu sprechen, da dieses ohne Beobachtung keine wahrnehmbare Realität hat" (Ricard und Thuan 2008, (S. 398)).

Albert Einstein resümierte: „Wenn es eine Religion gibt, die sich mit wissenschaftlichen Bedürfnissen vertragen kann, dann ist es der Buddhismus" (Einstein, zitiert nach Ricard und Thuan 2008, (S. 404)).

5.21 – Warum in Indien der Buddhismus durch den Hinduismus verdrängt worden ist

Der Buddhismus hat einst eine bedeutsame Rolle in Indien gespielt. Vor zwei Jahrtausend hatte er eine ebenso hohe Anhängerschaft wie der Hinduismus (Schweizer 2001, (S. 54)), und viele Kulturdenkmale zeugen noch heute von einer einstigen Hochblüte des Buddhismus in seiner geistigen Heimat Indien. Vom 9. Jh. an verlor der Buddhismus in Indien deutlich an Boden, im 13. Jh. war er fast völlig vom Hinduismus verdrängt worden. Was waren die Ursachen?

Damals waren unter den Intellektuellen religionsphilosophische Dispute an der Tagesordnung, hinduistische und buddhistische Gelehrte forderten sich gegenseitig zu rhetorischen Duellen heraus. Es galt die Regel, dass der Unterlegene seinem Glauben abschwören musste. Man sagt insbesondere Shankara – das ist der berühmte Urheber der vedantischen Philosophie, wonach die Welt der Erscheinungen eine Illusion sei – nach, aus unzähligen Redeschlachten als Sieger hervorgegangen zu sein. So gingen in den buddhistischen Klöstern nach und nach die Lichter aus.

Auch ist das geistige Zentrum des Buddhismus – die südwestlich von Bihars Hauptstadt Patna gelegene Universität Nalanda - zerstört worden. „Sämtliche Universitätsgebäude wurden im 12. Jh. von islamischen Eroberern vollständig niedergebrannt. Dabei ging auch die einzigartige Bibliothek, die 9 Mio. Werke umfasst haben soll, verloren. Das war langfristig gesehen ein schwerer Schlag für die Verbreitung des Buddhismus in Indien" (Indien, Baedeker 2003, (S. 308)).

Den indischen Brahmanen ist ferner der gewiefte Schachzug gelungen, Buddha als Inkarnation des Gottes Vishnu in den Hinduismus zu integrieren, was gleichsam eine ideologische „Eingemeindung" von Buddha-Anhänger bedeutet hat. Ferner war der hinduistische Krishna- und Rama-Kult eine starke Heilands-Konkurrenz für die buddhistischen Boddhisatvas. Auch verbreiteten die Brahmanen erfolgreich den falschen Glauben, die Kastenhierarchie sei gottgewollt und der Buddhismus sei dies nicht, da er auf der Idee der

Gleichheit der Menschen fußt (Schweizer 2001, (S.58 f.)).

6 – Der Jainismus

Von Bihar aus breitete sich der Jainismus über ganz Indien aus. Vom 5. bis zum 13. Jh. spielte der Jainismus eine relativ bedeutsame religiöse wie politische Rolle. Während er in Nordindien vom immer stärker werdenden Islam verdrängt worden ist, musste er in Südindien dem Einfluss des Vishnuismus und Shivaismus weichen (Hierzenberger 2011, (S. 149)).

Die Jains glauben – ebenso wie die Hindus – an Karmalehre und Wiedergeburten. „Die Lehre des Jainismus betrachtet die Welt als wirklich und ewig und leugnet ihre Veränderlichkeit. Es verändern sich nur die Formen, die Elemente sind ewig. Es gibt belebte (jiva) und leblose (ajiva) Substanzen, sie sind aber alle in verschiedenen Abstufungen stofflich. Es gibt fünf leblose Substanzen: Raum..., Bewegung..., Ruhe..., Zeit..., Materie. Die Materie kann in die Seelen eindringen, deren natürliche Eigenschaften (allwissend, sittlich, vollkommen, selig, allmächtig) einschränken, mit einem Körper umhüllen und in den Samsara stürzen. Diese in die Seele eingedrungene Materie ist das Karman, das aus der Seele ein leidendes, unwissendes und rastloses Lebewesen macht. Lebewesen sind Götter, Dämonen, Menschen, Tiere, Pflanzen, Steine, Flammen, Wassertropfen, Winde usw. (insgesamt 148 Kategorien!)... Die unheilvollsten Auswirkungen auf die Bindung der Seele durch das Karman haben Unglauben, weltliche Aktivität, Zuchtlosigkeit und Leidenschaft. Die Erlösung der Seele ist nur möglich, wenn sie sich endgültig vom Karman löst, über den Raum emporsteigt und in …die ewige Ruhe und Seligkeit eingeht"(Hierzenberger 2011, (S. 149)).

Die Menschen können durch eine strenge Ethik dem Kreislauf der Wiedergeburten entrinnen und Erlösung finden. Die drei moralischen Grundprinzipien der Jains sind Gewaltlosigkeit gegenüber allen Lebewesen, Unabhängigkeit von unnötigem Besitz und Wahrhaftigkeit (Wikipedia, Jainismus).

Die Jains sind strikte Vegetarier und essen nur Pflanzen, die über der Erde wachsen, um bei der Ernte keine Lebewesen, die unter der Erde leben, zu verletzten. Manchmal tragen die Jains Mundschutz, um nicht versehentlich Insekten einzuatmen. Jains lehnen diverse Berufe ab. Sie sind nicht in der Landwirtschaft vertreten oder im Militär, spielen aber eine bedeutende Rolle unter den Intellektuellen und im Handel. Dort sind sie meist sehr erfolgreich. Viele Jains haben beträchtliches Vermögen angehäuft. Sie setzen dieses aber im Dienste der Allgemeinheit ein und leben selbst eher asketisch.

Jains glauben nicht an einen Gott im Sinne eines Weltenschöpfers oder eines höchsten Wesens. Zwar tummeln sich zahlreiche Gottheiten im Götterhimmel der Jains. Sie werden aber als Lebewesen betrachtet, die vom Karma infiziert und dem Kreislauf der Wiedergeburten unterworfen sind. Zu diesem Pantheon gehören die meisten vedischen und brahmanischen Götter (Hierzenberger 2011, (S. 149)).

„Das Weltall hat nach Vorstellung der meisten Jainisten eine sehr große, aber begrenzte Gestalt. Es ist im Prinzip unveränderlich. Nur in der Menschenwelt vollzieht sich unaufhörlich die regelmäßige Abwechslung von auf- und absteigenden Weltperioden… Wir leben heute nach jainistischer Anschauung im vorletzten Zeitalter der absteigenden Weltperiode, und nach 21000 Jahren wird die letzte Weltperiode beginnen. Am Ende dieser furchtbaren Zeit, die in allgemeinen Verwüstungen enden wird, werden sich die Verhältnisse allmählich wieder bessern. In jeder Periode erscheinen 63 große Männer… - die Taten dieser Heiligen und Helden bilden den Hauptgegenstand der jainistischen Weltgeschichte"(Hierzenberger 2011, (S. 150)).

Die Jains haben eine heilige Schrift, das Kalpa-Sutra, die von den geistigen Führern (sogenannte Tirthankara) berichtet. Zwei davon (Parshva und Mahavira) sind historisch belegt. Als eigentlicher Religionsgründer wird Mahavira angesehen, der den Titel Jina – das heißt Sieger – führt, wovon sich der Name der Religion herleitet.

7 – Die Religion der Sikhs

„Die erste formale und dauerhafte Synthese zwischen Hinduismus und Islam schuf Kabir (1440 – 1518)… Er übernahm die hinduistische Lehre von der ausgleichenden Gerechtigkeit (karman, samsara) und der Übermaterialität der menschlichen Seele (atman, brahman), betonte aber als Muslim zugleich die Tatsache, dass Gott … der einzige (ist, d. V.), den man verehren und anrufen muss, und (dass man ihn, d. V.) in seinem eigenen Inneren findet" (Hierzenberger 2011, (S. 151)). Gott wird als formlos, unfassbar, unendlich, liebend, feindlos und namenlos betrachtet „als reiner, transzendenter Geist…, als unberührt von allen innerweltlich-materiellen Komponenten, als raum- und zeitlos" (Stietencron 2010, (S. 112)), als alles durchdringend und absolut. Sein Wille offenbart sich überall im Universum, in den Naturgesetzen, im Menschen. Der Zugang zu Gott steht nach Kabir allen Menschen offen, unabhängig von ihrer Herkunft. Er betrachtet die Menschen als gleich.

Es herrscht der Glaube vor, dass nur moralisch schlechte Menschen dem Kreislauf der Wiedergeburten unterliegen. Erlösung im Sinne von innerem Frieden ist demnach in diesem Leben möglich, wenn der Mensch den Egoismus überwindet und sich tugendhaft verhält, weil er dann die Einheit mit der Schöpfung spürt. Nach seinem Tod wird er endgültig eins mit Gott.

"Kabir verwirft Fasten und Kasteiungen, Pilgerfahrten und die Theorie der avataras (das ist der Glaube, dass sich Gott reinkarniert, auch in Gestalt eines Tieres, d. V.) und identifiziert Allah mit Vishnu. Er behält den strengen Monotheismus des Islam bei, verbindet ihn aber mit der Maya-Lehre des Hinduismus sowie mit den Vorstellungen des Karman und des Samsara sowie mit dem Glauben an die Erlösung durch Bhakti"(Hierzenberger 2011, (S. 153)).

Durch Kabirs Wirken entstanden verschiedene islamisch-hinduistische Gemeinden, die sich immer stärker dem Hinduismus annäherten. Die älteste und wichtigste Religionsgruppe wurde von Guru Nanak (1469 – 1538) im Punjab gegründet. Ihre Mitglieder nannten sich Sikhs. „Die Lehre Nanaks ist der Kabirs sehr ähnlich. Er verstärkte aber deutlich die hinduistischen Elemente, duldete Hausriten und Kasten und orientierte sich stark am Panentheismus, an der Gnadenlehre und an der Bhakti-Praxis im Geist der Bhagavad-Gita. Sehr wichtig ist ihm auch die Rolle der Gurus (Seelenführer), die als Vermittler zwischen Gott und den Menschen verehrt werden und die man nach ihrem Tod oft vergöttlichte" (Hierzenberger 2011, (S. 153)). Nanak hatte als Nachfolger 9 Gurus.

Die Sikhs wurden teilweise von radikalen Hindus und fanatischen Muslimen verfolgt. Deshalb schulten sich die Sikhs in der Kunst der Selbstverteidigung. Sie sind als tapfere und geschickte Kämpfer berühmt und spielen eine bedeutsame Rolle im indischen Militärwesen. Der 10. Guru Govind Rai Singh (1675 – 1708) machte aus der kleinen religiösen Gemeinschaft eine schlagkräftige militärische Macht und gab ihr eine theokratische Struktur. Er teilte die Gemeinde in zwei Klassen: die einfachen Gläubigen und die Elite der „Reinen", die alle den Namen Singh (=Löwe) tragen und an einer besonderen Tracht sowie dem Turban erkennbar sind. Sie müssen die berühmten „5 K" tragen, nämlich kees (=langes Haar und Bart), kungha (=Kamm), kuchha (=kurze Hosen), kara (=Stahlarmband) und kirpan (=Stahldolch).

Im Gegensatz zum Hinduismus und Buddhismus propagiert der Sikhismus die Wichtigkeit materieller Bedürfnisse und deren Befriedigung (Wikipedia, Sikhismus). Vermutlich ist diese positive Einstellung der Sikhs zum Wirtschaften und zum Wettbewerb der Grund dafür, dass der Bundesstaat Punjab der reichste des Subkontinents ist. Sikhs sind auch im Ausland sehr erfolgreich. Viele leben in den Vereinigten Staaten oder in London.

Der jetzige Regierungschef, Manmohan Singh, ist übrigens ein Sikh. Er hat im Jahr 1991 als damaliger Finanzminister die Wirtschaftsreformen, die Indien den historisch einmaligen Aufschwung gebracht haben, eingeleitet und treibt sie weiter voran.

8 – Hinduismus (im weiten Wortsinn) im Lichte der Moderne

8.1 – Vorbemerkung: Gott und Naturwissenschaften

Es kann hier nicht darum gehen, das Brahman und die hinduistischen Hochgötter in Frage zu stellen. Nach Kant gibt es weder wissenschaftliche Beweise für noch gegen Gott, da Gott als Absolutum in unserem relativen Raum-Zeit-Gefüge nicht darstellbar ist. „Kant ist überzeugt: Die Gottesidee ist nun einmal ein notwendiger theoretischer Grenzbegriff, der, wie ein ferner Stern, im Erkenntnisprozess zwar nicht erreicht, aber immerhin als ideales Ziel angesteuert werden kann. Im Bild: Wer zugibt, dass er nicht hinter den Vorhang gucken kann, darf auch nicht behaupten, es sei nichts dahinter. Auch der Atheismus ist hier in seine Schranken gewiesen. Alle Beweise oder Aufweise der bedeutenden Atheisten reichen zwar aus, um die Existenz Gottes fragwürdig zu machen, aber nicht, um Gottes Nicht-Existenz fraglos zu machen" (Küng 2008, (S.64)).

Gott ist letztlich nur individuell erfahrbar, und zwar nicht durch „theoretische Operationen der reinen Vernunft", sondern „auf dem Weg der gelebten und reflektierten Praxis" (Küng 2008, (S.98)). Glauben heißt intuitives Erkennen, „dass Welt und Mensch nicht sinnlos aus dem Nichts ins

Nichts geworfen sind, sondern dass sie als Ganzes sinnvoll und wertvoll sind, nicht Chaos, sondern Kosmos, weil sie in Gott, ihrem Urgrund, Urheber, Schöpfer, eine erste und letzte Geborgenheit haben" (Küng 2008, (S. 143)). „Schöpfungsglaube schenkt dem Menschen…ein Orientierungswissen: Es lässt den Menschen einen Sinn im Leben und im Evolutionsprozess entdecken und vermag ihm Maßstäbe im Handeln und eine letzte Geborgenheit in diesem unübersehbar großen Weltall zu vermitteln" (Küng 2008, (S. 142)).

Glaube und Philosophie sind metaempirisch. Kein Naturwissenschaftler kann die Inhalte als reine Fiktionen abtun. Die Naturwissenschaftler dürfen ihr Urteil nicht auf Wirklichkeitsschichten anwenden, die jenseits ihres Erfahrungshorizonts liegen: „Können nicht Musiker, Dichter, Künstler, religiöse Menschen unter Umständen Wirklichkeiten erahnen, erspüren, hören, sehen und in ihren Werken ausdrücken, die den physikalischen Raum, den Energie- und Zeitraum sprengen?... Gibt es nicht vielleicht doch Größen, Ereignisse und Wechselwirkungen in unserem Universum, die sich im physikalischen Raum nicht abbilden, die sich also der naturwissenschaftlichen Erkenntnismöglichkeit von vornherein entziehen?" (Küng 2008, (S. 68)).

Es gibt prinzipielle Grenzen der physikalisch-mathematischen Erkenntnis. Das ist zum einen die Heisenbergsche Unschärferelation, wonach sich atomare Prozesse grundsätzlich nicht vorausberechnen lassen, weil man Ort und Impuls eines Teilchens nicht gleichzeitig genau bestimmen kann. Zum anderen zeigt Gödels zweiter Unvollständigkeitssatz, dass es „keine allgemeinverbindliche Absicherung des mathematischen Denkens durch finite, konstruktive Beweise der Widerspruchsfreiheit (gibt, d. V.)… Es gibt Grenzfragen, bei denen die Kompetenz von Mathematik und Physik endet" (Küng 2008, (S. 46)).

8.2 – Indien: Paradefall für die Religionskritik berühmter Atheisten?

In Indien prallen überbordende Religiosität und unbeschreibliches Massenelend hart aufeinander – trotz einer wachsenden Mittelschicht. Selbst viele andere Länder Asiens mit geringerem Pro-Kopf-Einkommen sind für den Reisenden deutlich weniger schockierend als Indien. Auch die für Südamerika typischen Siedlungen der Armen – die Favelas - sind Luxusbehausungen im Vergleich zu Slums in den Megacities und dörflichen Elendsquartieren in Indien.

Da stellt man sich unweigerlich die Frage, ob Indien nicht der asiatische Paradefall für die Projektionstheorie von Ludwig Feuerbach, für die Opiumtheorie von Karl Marx und für die Illusionstheorie von Siegmund Freud ist. Verhilft die tiefe Religiosität den Hindus im realen Elend zu einem illusorischen Glück? „Scheint nicht gerade Indien zu zeigen, dass Religion nichts anderes ist als Projektion und Wunschdenken des entfremdeten Menschen, so Ludwig Feuerbach; Opium des elenden ausgebeuteten Volkes, so gesellschaftskritisch konkretisierend Karl Marx" (Küng und von Stietencron 1999, (S.58)); Illusion des unreifen Menschen, so Siegmund Freud? (Küng 2008, (S. 66)).

An der Religionskritik der drei namhaften Atheisten mag viel Wahres dran sein. Jedoch: „Feuerbachs Projektionstheorie, Marxens Opiumtheorie und Freuds Illusionstheorie vermochten nicht zu beweisen, dass Gott nur eine Projektion des Menschen oder nur eine …Vertröstung oder nur eine Illusion sei" (Küng 2008, (S. 66)). Man könnte auch umgekehrt argumentieren, dass der axiomatischen Gläubigkeit der Menschheit ein realer Gott entsprechen muss. „Dem Wunsch nach einem Gott kann durchaus ein wirklicher Gott entsprechen" (Küng 2008, (S. 66)).

- „Religion… kann „Opium des Volkes" sein, aber sie muss es nicht. Sie kann – falscher oder richtiger - Trost im Elend sein, aber ebenso … Protestaktion gegen das Elend. Dies haben auch in Indien jene Hindu-Reformer bewiesen, die sich aus religiösen Gründen … gegen die sozialen Missstände einsetzten und die Kastenordnung in Frage stellten.

- Religion …schließt wie alles menschliche Glauben, Hoffen und Lieben ein bestimmtes Maß an Projektion ein. Dass aber Religion bloß Projektion sei, ist eine unverifizierbare Behauptung. Sie setzt voraus, dass überhaupt keine allerletzte-allererste Wirklichkeit existiere, und auch dies kann – nach Immanuel Kant – die rein Vernunft nun einmal nicht beweisen. Eine absolute Wirklichkeit anzunehmen (oder zu verwerfen) ist Sache der „praktischen Vernunft", oder besser: eines vernünftigen (vor der Vernunft verantwortbaren) Vertrauens" (Küng und von Stietencron 1999, (S.58)).

- „Religion kann Illusion, Ausdruck einer psychischen Unreife oder gar Neurose, von Regression sein und ist es oft. Aber wiederum: Sie muss es nicht sein. Sie kann vielmehr Ausdruck personaler Identität und psychischer Reife sein" (Küng 2008, (S. 66)).

8.3 – Wunder und Zauber, Glaube und Wissenschaft

Aus Goethes Faust stammt das Zitat: „Das Wunder ist des Glaubens liebstes Kind." Jedoch: „Wunder als Durchbrechung von Naturgesetzen lassen sich …historisch nicht nachweisen" (Küng 2008, (S. 172)).

Aber es gibt im Leben von Menschen wundersame Fügungen, die gläubig machen, wenn man sie reflektiert. Auch Völker können Wunder erleben, die den Glauben festigen. Als z. B. Moses das Volk Israel aus der ägyptischen Gefangenschaft durch das Rote Meer führte, trat vermutlich das Naturschauspiel eines Tsunamis auf: Das Rote Meer zog sich zurück, das Volk Israel durchquerte trockenen Fußes den Meeresgrund, die Tsunami-Welle rollte dann später mit umso größerer Wucht zurück, so dass die Ägypter dann in den Fluten umkamen.

Das Phänomen mag zwar naturwissenschaftlich erklärbar sein, es ist aber trotzdem ein Wunder, weil es sich zur rechten Zeit am rechten Ort ereignet hat. Deshalb ist es völlig egal, ob man das wundersame Phänomen durch die rationale Brille des aufgeklärten Naturwissenschaftlers betrachtet oder ob man es mit den Augen eines Naturvolkes oder eines einfachen heutigen Menschen sieht.

Ist z.B. das Wasser im Kathmandutal um die Jahrtausendwende nun abgeflossen, weil der weise Mann die Felsenkette mit einem heiligen Schwert durchtrennt hat? Oder weil es einen Erdstoß gegeben hat, der eine Schlucht aufgerissen hat, durch die das Wasser hat ablaufen können? Die vordergründig unterschiedlichen Erklärungen – scheinbar „naiv" auf der einen und „wissenschaftlich rational" auf der anderen Seite - sind im Grunde ein und dasselbe: Es ist etwas Unerwartetes aufgetreten, das die Menschen verwundert haben muss. Dadurch ist der Glaube an höhere Mächte und „überirdische" Kräfte ebenso entstanden wie das wissenschaftliche Streben nach Erklärbarkeit im Rahmen einer umfassenderen oder neuen Theorie.

Die Enträtselung eines zuvor unerklärbaren Phänomens ist eine gigantische Triebkraft hinter der Entwicklung der Wissenschaften. Ganz allgemein kann man sagen, dass sich Menschen wundern, wenn sie ein Phänomen noch nicht durchschaut oder vorher noch nicht beobachtet haben. Die Wissenschaft versucht dann, allgemeinere Theorien zu entwickeln, in die der zunächst unerklärbare Tatbestand als Sonderfall eingeht.

Die moderne Wissenschaft sollte nicht aus dem Auge verlieren, dass sie sich ebenso wie die Religion aus dem „sich wundern" entwickelt hat. Die Religion ist also sozusagen die Wurzel, und die modernen Wissenschaften sind die Zweige des Baumes der Erkenntnis.

Wunder kommen von Gott. Sie sind meist individuell erfahrbar, und sie sind eine wichtige Basis der Religiosität auch in Indien. Jedoch ist nicht zu übersehen, dass es in Indien auch viel Aberglauben und „faulen" Zauber gibt. Man denke nur an die angeblich heilsamen Bäder im Ganges, dessen Verschmutzungsgrad in Varansi abenteuerliche Ausmaße angenommen hat und verantwortlich ist für die Darminfektionen, unter denen der Großteil der Einwohner leidet. Trotz der Tatsache, dass – neben beträchtlichen Industrieabwässern – sogar verkohlte Leichenteile in den Ganges geworfen werden, lassen sich die Hindus nicht davon abschrecken, sich im Ganges die Zähne zu putzen und das Wasser zu trinken. Die Zahl der Kolibakterien im Ganges pro 100 Milliliter Wasser liegt bei 50.000, verglichen mit 200 – das ist der Grenzwert für Badetauglichkeit (Kaiser 2012, (S. 168)).

Den Unterschied zwischen Wunder und Zauber bringt Max Weber auf den Punkt: „Das Wunder wird seinem Sinn nach stets als Akt einer irgendwie rationalen Weltenlenkung, einer göttlichen Gnadenspendung angesehen werden und pflegt daher innerlich motivierter zu sein als der Zauber, der seinem Sinn nach dadurch entsteht, dass die ganze Welt von magischen Potenzen irrationaler Wirkungsart erfüllt ist und dass diese in charismatisch qualifizierten, aber nach ihrer eigenen freien Willkür handelnden Wesen, Menschen oder Übermenschen, durch asketische oder kontemplative Leistungen aufgespeichert sind" (Weber 1916-1920/1998, (S.258)).

„Dieser höchst antirationalen Welt des universellen Zaubers gehörte nun auch der ökonomische Alltag an, und aus ihr führte daher kein Weg zu einer rationalen innerweltlichen Lebensführung. Zauber nicht nur als therapeutisches Mittel, als Mittel, Geburten und insbesondere männliche

Geburten zu erzielen, das Bestehen von Examina oder die Erringung aller nur denkbaren innerirdischen Güter zu sichern, Zauber für den Redner zum Gewinn des Prozesses, Geisterzauber des Gläubigers zur Einwirkung auf den Reichtumsgott für das Gelingen von Unternehmungen, - all das entweder in der ganz groben Form der Zwangsmagie oder in der verfeinerten der Gewinnung eines Funktionsgottes oder Dämons durch Geschenke,- mit solchen Mitteln bewältigte die breite Masse der aliterarischen und selbst der literarischen Asiaten ihren Alltag" (Weber 1916-1920/1998, (S.258).

Freilich glaub(t)en auch im Westen Menschen an Zauber. Zu denken ist an den Ablasshandel im Mittelalter oder an den scheinheiligen Kirchgang mancher Übeltäter nebst Beichte um der Vergebung der Sünden willen.

8.4 – Die Offenheit des Hinduismus

8.4.1 - Freiheit der Religionswahl und Toleranz

Blendet man die rigiden Zwänge im Hinblick auf die Sozialordnung aus, ist der Hinduismus die freieste und toleranteste aller Religionen. (Schweizer 2001, (S. 111), Schweizer 2002 (302 ff)). Er lässt dem Gläubigen völlige Freiheit in Bezug auf die Wahl von Heilsziel und –weg sowie der Gottheit. Diese muss nicht unbedingt personifiziert sein, so wie dies in der Volksreligiosität der Fall ist. Gläubig ist auch, wer an das Absolute oder die Weltenseele glaubt. Der Hinduismus ist so fundamental und tolerant, dass er Götter und Propheten anderer Religionen in den Götterhimmel einbezieht. So kann man etwa in hinduistischen Devotionalienläden Bilder von der Kaaba in Mekka oder von Christus erstehen und Buddha wird als (neunte) Reinkarnation Vishnus betrachtet (Näheres bei Schweizer 2001b und 2002). Der Hinduismus ist auch tolerant gegenüber modernen Menschen, die gleichwohl an ein schöpferisches Prinzip glauben.

Der Hinduismus trennt zwischen der Welt der Sinneswahrnehmung (Maya) und der ewigen und unendlichen Sphäre, in der das Absolute regiert und zu der sich Philosophen unter den Indern hingezogen fühlen. Diese verbirgt sich hinter der Welt der Erscheinungen, die wir Menschen mit unseren Sinnen wahrnehmen. Andere Begriffe dafür sind das unendliche All, das All-Eine, das ewig Schöpferische, die Urkraft, das Unaussprechliche und die Weltenseele „brahman". Aus dieser spalten sich dem hinduistischen Glauben zufolge die Einzelseelen -„atman"- ab, sie sind aber letztlich mit dem Brahman eins. Die drei Seinsmodi des Brahman sind Sein, Bewusstsein und Glückseligkeit. (Küng und von Stietencron 1999, (S. 94)).

In der Welt des Maya regieren personifizierte Götter, die in der breitenwirksameren Volksreligion eine Rolle spielen. Sie sind selbst erschaffen worden und haben eine nur begrenzte Lebensdauer, aber sie leben nach der Mythologie deutlich länger als Menschen und sind diesen überlegen. Diese Gottheiten (Shiva, Vishnu, Brahma in personifizierter Form; man kann aber auch den „zürnenden" Gott des Alten und den „lieben" Gott des Neuen Testaments hier einordnen) sowie „Gottmenschen" (Krishna, Rama, Jesus) stehen im Mittelpunkt der Volksreligiosität. Auch Dichter, Denker oder Regenten, die die Welt bewegten, könnte man letztlich zu dieser Kategorie zählen.

Zwischen der Gottesvorstellung der Weltenseele und den personifizierten Gottheiten stehen Vishnuismus und Shivaismus als Hochreligionen. Hier wird der jeweilige Gott als letzte Ursache interpretiert, die über dem Weltenzyklus steht.

Unter dem universalen Dach des Hinduismus ist nicht nur Platz für Gläubige anderer Religionen, sondern auch für konfessionell nicht gebundene staunende Menschen, für die die Welt voller Wunder steckt und die an das Wirken einer höheren Macht, eines schöpferischen Prinzips oder an einen Gott glauben, der hinter Schöpfung und Evolution steht. Wer sich mit der modernen Chaostheorie befasst, erkennt oft hinter den sich im Chaos bildenden Mustern wie Mandelbrot- und Juliamengen oder Schneeflocken Gemälde oder Pinselstriche von Gottes Hand (Ausführliches bei Nürnberger 1993).

Selbst die wissenschaftliche Analyse so profaner Dinge wie des Wirtschaftslebens und die ökonomische Entwicklung lassen an göttliche Lenkung glauben. Der schottische Ökonom und Moralphilosoph Adam Smith (1723 – 1790) vermutete in seinem „Wohlstand der Nationen" hinter den Marktkräften eine „Unsichtbare Hand". Und in seiner „Theorie der ethischen Gefühle" assoziierte er mit dem Gewissen einen „neutralen Beobachter"– ein Beleg für seinen Glauben an eine göttliche Ordnung. Der neutrale Beobachter spielt auch bei Kant eine Rolle, als er seinen „kategorischen Imperativ" als Grundlage für eine allgemeine Gesetzgebung formulierte. Von diesem großen Aufklärer stammt ferner der berühmte Ausspruch: „Der gestirnte Himmel über mir und das moralische Gesetz in mir"– ein Hinweis auf sein Wissen um eine höhere Ordnungsmacht.

Keinen Platz in der hinduistischen Religionsphilosophie hingegen finden Menschen mit einem falschen „Werte"system und Gottverleugner, Materialisten und Marxisten, die das Materielle verabsolutieren. Tatsächlich ist das Materielle nur die eine Seite der Medaille. Mehr Lebensglück ist nicht automatisch gleichbedeutend mit mehr materiellen Gütern. Von Adam Smith, der 1759 seine „Theorie der ethischen Gefühle" veröffentlichte, stammt das berühmte Zitat: „ Tatsächlich stehen sich in dem Wohlbefinden des Körpers und dem Frieden der Seele alle Stände einander nahezu gleich, und der Bettler, der sich neben der Landstraße sonnt, besitzt jene Sicherheit und Sorglosigkeit, für welche Könige kämpfen" (Smith 1759/1977, (S. 317)), zitiert nach Viner und Recktenwald 1985 (S. 134)).

Kurzum: Der Hinduismus akzeptiert alle Glaubensformen. Die hier vorgenommene Zweiteilung der Menschheit in Gläubige und Ungläubige ist uralt. Sie findet sich bereits bei Moses, Echnaton und Zarathustra (Näheres bei Schweizer 2003, S. 46 ff).

Wie ist nun die grenzenlose Religionsfreiheit im Hinduismus einzustufen? Ganz einfach: Ein Maximum an Freiheit und Toleranz in der Glaubenswahl sorgt immer für die ökonomisch beste Lösung. Je weniger religiöse Optionen beschnitten werden, je freier Gott wählbar ist, je leichter sich der Einzelne für jenen Gott entscheiden kann, der am besten zu ihm passt, umso begrüßenswerter ist es: „Eine Vielheit von Religionen (ist, d. V.) notwendig…, um einer Vielheit von Individuen mit unterschiedlichen Bedürfnissen und mit unterschiedlicher Entwicklung den je eigenen Weg zu eröffnen, den je eigenen Zugang zur Gottheit zur ermöglichen" (Küng und von Stietencron 1999, (S. 32)). Ein solches System der Religionsfreiheit garantiert möglichst vielen Menschen ein Maximum an Lebensglück, Trost, innerem Frieden, Optimismus und Sinnhaftigkeit des Daseins.

Wird hingegen die Auswahl begrenzt, nimmt die Wahrscheinlichkeit zu, dass diese immateriellen Bedürfnisse nicht optimal befriedigt werden. Dies mag in Gesellschaften der westlichen Hemisphäre oft der Fall sein. Trotz hohen materiellen Wohlstands sind viele Menschen unzufrieden mit ihrem Los und identifizieren sich nicht mit ihrer Konfession oder sind gar ungläubig. Die Kirche hätte wohl mehr Mitglieder, wenn sie undogmatischer und toleranter wäre.

Gegenüber dem Hinduismus intolerante Monotheisten, wie viele Christen, Juden und Muslime, müssten sich eigentlich bei näherer Betrachtung mit dem Hinduismus anfreunden können. Denn so vielfältig der indische Götterhimmel auch erscheinen mag, so können die Einzelgötter doch letztlich nur als vielfältige Erscheinungsformen oder Inkarnationen oder Aspekte des einen Gottes betrachtet werden. Hindus sind also ebenso wenig Heiden wie der Hinduismus letztlich auch kein Vielgott- oder gar Götzenglaube ist, wie der intolerante und grausame Mogulherrscher Aurangzeb dies glaubte. (Näheres bei Rothermund 2006).

Im Übrigen ist das Christentum in der Variante der Volksreligion so monotheistisch auch wieder nicht, wie der Kult um Maria und die Verehrung von Engeln und Heiligen zeigen. Christen müssen sich also zuerst an der eigenen Nase fassen, wenn sie behaupten, der Hinduismus sei polytheistisch.

Kurzum: „Wenn man als „Gott" das eine höchste und tiefste Prinzip von allem, die eine allerletzte und allererste Wirklichkeit in der Welt, den Menschen und den Dingen versteht, dann sind auch die meisten Hindus Monotheisten; denn in diesem Sinne glauben die Hindus nur an einen Gott: an das eine uranfängliche Brahman, das mit Vishnu oder Shiva ...identisch und so apersonal oder personal zugleich („transpersonal") ist. (Küng und von Stietencron, (S. 188)).

Diese Einsicht sollte sich bei Juden und Christen durchsetzen, vor allem aber bei den Muslimen in Indien und Pakistan. Denn diese sind die unmittelbaren und zahlenstarken Nachbarn der Hindus und haben die engste Berührung mit ihnen.

Aufgeklärte Muslime predigen zwar Toleranz gegenüber den sogenannten „Buchreligionen" (Judentum, Christentum). Nathan der Weise und die Ringparabel von Lessing sind dafür sprichwörtlich (Schweizer 2002, (S. 88 ff)). Der großmütige, edelmütige (kurdische) Herrscher Saladin hat nach seinem Sieg über die Kreuzritter aus dem Abendland diese beschämt, weil er Gnade hat walten lassen und somit – wie Jesus - seine Feinde geliebt hat. Bereits beim Einzug der Kreuzritter aus dem tiefsten und finstersten Mittelalter in den muslimischen und humanen Orient erlitten diese den ersten „Kulturschock". Sie blickten staunend auf eine blühende Hochkultur, die in einem regen Austausch mit anderen Hochkultur-Regionen und anderen Weltreligionen stand (Schweizer 2003, Lüders 2007, Hunke 2009). Die Herrscher waren offen für den Rat vieler jüdischer und christlicher Fachleute, die sich am Hof versammelten, es herrschten also in diesem Sinne bereits die Grundsätze von Offenheit und Freiheit.

Manche Muslime neigen aber zu Intoleranz gegenüber den Hinduisten. Muslime in Indien haben viele Hindutempel niedergerissen und Blut vergossen. Freilich gibt es in der indischen Geschichte auch viele Beispiele für muslimische Toleranz. Hervorzuheben ist hier u.a. der große Mogulherrscher Akbar, unter dem das Mogulreich eine Blüte erlebte (Näheres bei Schweizer 2001a, (S. 166 ff) und Rothermund (2006, S. 39 ff.)).

Politisch aufgehetzte Hindus sind allerdings auch keine Waisenknaben gewesen. Die gewaltsame Zerstörung der Babri-Moschee in Ayodhya am 6. Dezember 1992 durch aufgebrachte Hindufanatiker oder die Massaker im Jahr 2002 in Gujarat sprechen hier Bände. Die Hindupartei BJP hat gar versucht, mit dem angekündigten Abbruch von Moscheen die Wählerstimmen fanatisierter Hindus zu gewinnen.

Die Mehrheit der Bevölkerung wünscht sich aber eine friedliche Koexistenz der Religionen, wie nicht zuletzt der überwältigende Erfolg des Bollywoodfilms „Amar, Akbar, Anthony" gezeigt hat: das ist eine Geschichte von drei Brüdern, die in ihrer frühesten Kindheit getrennt wurden und als Erwachsene wieder aufeinander stoßen. Amar wuchs in einem hinduistischen, Akbar in einem muslimischen und Anthony in einem christlichen Ersatzelternhaus auf (Kaiser 2012, (S. 166)

8.4.2 – Freiheit der Religionswahl und Wahrheit

Religiöse Toleranz im Hinduismus garantiert nicht nur ein Maximum an Trost, Optimismus und Sinnhaftigkeit des Lebens, sondern auch ein Maximum an Wahrheit. Denn: „Wer bin ich, dass ich mich zum Richter machen und sagen könnte, ich bete besser als Sie es tun? ... Ich kann nicht sagen, dass, weil ich Gott auf diese Weise gesehen habe, die ganze Welt ihn auf diese Weise sehen müsste… Die Religion eines Menschen ist für ihn ebenso wahr, wie es die meine für mich ist. Ich kann nicht über seine Religion richten… Es gibt keine Religion, die absolut vollkommen wäre. Alle sind unvollkommen oder mehr oder minder unvollkommen". Diese Worte stammen von Mahatma Gandhi, zitiert nach Schweizer (Schweizer 2002, (S. 315)).

Der bedeutende islamische Mystiker Muhieddin Ibn Al Arabi, der vermutlich mit indischer Philosophie vertraut war, formulierte im 13. Jh ähnliche Gedanken: „Mein Herz umfasst sämtliche Formen: Das Mönchskloster, den Tempel der Idole, die Weide der Gazellen und die Kaaba des Gläubigen, die Tafeln der Thora und den Koran…

Wer den Blitz im Osten aufleuchten sieht, dürstet nach dem Osten, wenn dieses Licht für einen anderen im Westen scheint, so möge er nach dem Westen dürsten. Ich begehre das Funkeln des Blitzes und nicht die Orte, die er streift."(Muhieddin Ibn Al Arabi, zitiert nach Schweizer 1990, (S. 112)).

„In Dschelaleddin Rumis Hauptwerk Mathnawi findet sich folgende Geschichte. Vier Inder, die nie zuvor einen Elefanten gesehen hatten, betraten nacheinander einen dunklen Raum, in dem sich ein derartiges Tier befand. Der erste bekam im Dunkeln den Rüssel zu fassen, verließ den Raum und erzählte draußen, der Elefant müsse wie die Spitze eines Bootes beschaffen sein. Der zweite Inder, der die großen Schlappohren anfasste, meinte, es müssten Fächer sein, und draußen erzählte er, der Elefant habe eine Gestalt wie Fächer. Der dritte Inder aber kam mit der Kunde heraus, Elefanten müssten wie eine Säule sein, denn er hatte im Dunkeln nur einen Fuß zu fassen bekommen. Der vierte, der den Rücken des Tieres abtastete, hatte schließlich die Einsicht, ein Elefant sei wie ein Thron beschaffen. Dann aber kam ein Weiser, der die vielen Inder beobachtet hatte. Er gab jedem von ihnen eine Lampe und schickte sie nacheinander hinein. Und nun beschrieb jeder den Elefanten in der gleichen Gestalt"(Schweizer 1990, S. 112)).

Offenbar glauben Menschen unterschiedlicher Zivilisationen, die in unterschiedlichen Landschaften aufgewachsen sind, in jener Form an die höhere Instanz, die sie jeweils am besten verstehen. Wer etwa das Alleinsein mit sich und der Natur in der Wüste erlebt hat, der begreift, dass sich in dieser Landschaft der Glaube an den einen Gott ganz zwangsläufig hat entwickeln müssen. Hier sind die großen „Buchreligionen" Judentum, Christentum und Islam entstanden. Die ersten Menschen, die an den einen Gott glaubten, waren Abraham (2. Jahrtausend v. Chr.) und der ägyptische Pharao Echnaton (um 1350 v. Chr.).

Wer schon einmal im Himalaya die gigantischen Eisfelder der Bergriesen erblickt hat, versteht, dass dort am Kailash im westlichen Tibet der Wohnsitz des Gottes Shiva mit seiner Gemahlin Parvati vermutet wird. Wer Molochstädte wie Kolkata besucht hat, ahnt, dass dies der optimale Standort für den Kali-Kult ist. Denn ebenso wie bei der Göttin Kali das Gute und das Grausame ganz dicht beieinander liegen, sind in der Megastadt vermeintliche Trostlosigkeit und Hoffnung siamesische Zwillinge. Der dort praktizierte Kali-Kult hilft den Bewohnern Kolattas, in eine spirituelle Welt abzutauchen, die ihnen Trost und Zuversicht spendet(Näheres bei Schweizer 2004, S. 96 ff).

Durch religiöse Toleranz kann man also zu einem Zugewinn an Wahrheit kommen. Dagegen sagte der in Indien lebende französische Jesuitenpater Abbé Dubois zu Beginn des 19. Jahrhunderts: „Ohne Zweifel liegt die Zeit noch fern, in der der eigensinnige Inder seine Augen dem Licht öffnet und sich von seinem dunklen Aberglauben losreißt. Aber wir wollen nicht verzweifeln; der Tag wird kommen, an dem die Flagge des Kreuzes über den Tempeln Indiens wehen wird, wie sie jetzt über ihren festen Plätzen weht" (Abbé Dubois (S. 34)).

De facto sollte es aber eher so sein, dass sich die Christen als eine spezifische Glaubensgemeinschaft unter dem universalen Dach grenzenloser Religionsfreiheit einer aufgeklärten Religionsphilosophie begreifen, wie sie etwa der aus Kalkutta stammende Guru Ramakrishna und sein berühmter Schüler Vivekananda (Näheres bei Schweizer 2002, (S. 302ff)) begründet haben. Vivekanada hat im Jahr 1893 in einer vielbeachteten Rede den Neohinduismus auf einem Weltkongress erstmals einem internationalen Fachpublikum publik gemacht.

Philosophisch gebildete Inder halten „die Unterschiede der Gotteserfahrung zwischen Christen, Muslimen und Hindus (für, d. V.) eher vordergründig, denn auf letzte Wahrheiten bezogen" (Weede 2000, (S. 207)). Sie halten sogar Unterschiede zwischen jenem „Atheismus", der aber an das All-Eine glaubt, Monotheismus und Polytheismus für letztlich belanglos (ebenda).

8.5 – Vishnuismus und Brahman – moderne Gottesbilder

Wie definiert der prominente Theologe Hans Küng als Vertreter eines modernen Monotheismus Gott? Sind hinduistische Gottesbilder vergleichbar?

Wie kann man Gott eingrenzen? Zunächst: was ist er nicht? Für Küng ist Gott nicht identisch mit dem Kosmos. Dies glaubte Einstein – vom Philosophen Spinoza inspiriert -, der Gott mit Natur und Naturgesetzen gleichsetzte und daher das quantenphysikalische Phänomen der Unbestimmtheitsrelation von Heisenberg mit einem „Gott würfelt nicht" kategorisch ablehnte.

„Gott ... ist kein innerirdisches Wesen, kein „Ding" dieser Welt, er gehört nicht zur „Faktenwirklichkeit", und er kann auch nicht empirisch festgestellt werden...Gott ist (auch, d. V.) kein im wörtlichen oder räumlichen Sinn „über" der Welt, in einer „Überwelt" wohnendes „höchstes Wesen"" (Küng 2006, (S. 123)) Ferner ist Gott kein außeririsches Wesen, das in einem „außerweltlichen Jenseits" oder in einer „Hinterwelt" residiert.

„Grundlegend ist: Gott ist in diesem Universum, und dieses Universum ist in Gott! Zugleich ist Gott größer als die Welt" (Küng 2006, (S. 123)). „ Gott ist größer" – das drückt auch die Gebetsformel im Islam „Allahu akbar" aus. Gott ist allgegenwärtig, in seiner Unendlichkeit umgreift er den

Raum und in seiner Ewigkeit umgreift er die Zeit. „Diese Ewigkeit ist nicht zeitlos, vielmehr ist sie gleichzeitig zu allen Teilen der Zeit" (Küng 2006, (S. 124)).

Gott ist in seiner Omnipräsens sowohl weltimmanent als auch welttranszendent: „Von innen durchdringt er den Kosmos und wirkt auf ihn. Zugleich partizipiert er an seinem Geschick, hat Anteil an seinen Prozessen und Leiden. Durchdringend übersteigt er sogleich den Kosmos. In seiner Unendlichkeit umschließt er alle endlichen Wesensheiten, Strukturen und Prozesse" (Küng 2006, (S. 124)).

Die Aspekte der Weltimmanenz bei gleichzeitiger Welttranszendenz Gottes treten am deutlichsten im lebensbejahenden Vishnuismus zu Tage, weniger im mehr lebensabgewandten Shivaismus, wenn man ihn als zerstörerische Befreiung von der Welt interpretiert. Ein als Prozess der „schöpferischen Zerstörung" in der Welt des laufenden Wandels neu interpretierter Shivaismus entspricht freilich einem modernen Gottesbild. Im monotheistischen Vishnuismus wird Leben positiv gesehen. Alle anderen Götterfiguren des indischen Götterolymps sind dabei nichts anderes sind als Erfüllungsgehilfen oder Aspekte des Hochgottes Vishnu. Dieser erschafft nicht nur die Welt, sondern hält auch den Weltenmechanismus dauerhaft in Gang, indem er sich einbringt. Die Formel . „Alle Wesen... sind in Vishnu, er aber ist nicht in ihnen" drückt aus, „dass Vishnu zwar als unerkannter Beweger und als Zeuge allen Tuns mit einem Bruchteil seines Wesens in jedem einzelnen Lebewesen präsent ist, selbst aber so überwältigend groß ist, dass keines dieser Wesen ihn zu fassen vermag" (Stietencron 2010, (S. 76)). Dies ist auch das Gottesbild, das dem Sikhismus zugrunde liegt.

Es sollte nicht stören, dass Vishnu bildhaft dargestellt wird – sei es auf der Weltenschlange Ananta im Urozean sitzend, sei es mit unzähligen Köpfen. Für gebildete Vishnuisten hat das allerdings nur allegorische Bedeutung. Bildhafte Darstellungen und Sprache religiöser Mythen sind nicht wörtlich zu nehmen und auch historisch zu relativieren, weil sie auf die Einsichten von Menschen früherer Zeiten zugeschnitten sind. Es handelt sich bei religiösen Texten also um eine Sprache in Form von Bildern und Gleichnissen, statt um eine naturwissenschaftliche Faktensprache (Küng 2006, (S. 223 und 76)).

Gott ist nicht weniger als Mensch. Er ist aber mehr als Mensch. Er ist auch das „Unsichtbare, Unbegreifliche, Undefinierbare", die „Ultimate Reality", die „Höchste-Letzte-Wirklichkeit", das „Ineinander fallen der Gegensätze". Das sind Begrifflichkeiten, die die personale oder transpersonale Dimension übersteigen (Küng 2006, (S. 126 f.)). Diese eher anonyme Sicht von Gott oder „Ehrfurcht vor dem Geheimnis des Absoluten" ist typisch für Hindus und ihren Glauben an das

„Brahman". Aber auch für Muslime, die konsequent Abbilder Gottes ablehnen, denken in dieser Kategorie sowie viele Juden und Christen. Sogar für die meisten Buddhisten ist dieses Gottesverständnis evident. Sie lehnen den Begriff „Gott" aber ab und sprechen stattdessen vom „Nirwana" als „Ultimate Reality".

8.6 – Indische Heilsziele in der Kritik

Es liegt im Naturell der Inder, auf ein besseres nächstes Leben zu hoffen mit dem Fernziel im Auge, aus dem als sinnlos erachteten Rad der Wiedergeburten auszuscheiden, um „mit den Mitteln der Gnosis in jenes hinterweltliche Reich (zu entfliehen, d. V.)), mag das Schicksal der Seele dabei nun einfach als ein „Verwehen" oder als ein Zustand ewiger individueller Ruhe nach Art des traumlosen Schlafes, oder als ein Zustand ewiger ruhiger Gefühlsseligkeit im Anschauen des Göttlichen, oder als ein Aufgehen im göttlichen Alleinen gefasst werden" (Weber 1916-1920/1998, (S. 256)). Das Streben nach Erlösung durch Bewährung in der diesseitigen Welt und durch das Handeln im Dienste der Mitmenschen ist – von der buddhistischen Idee der Boddhisatvas abgesehen - dem indischen Denken fremd. Das Motto aus Goethes Faust „wer immer strebend sich bemüht, den wollen wir erlösen", gilt nicht für Indien.

Im diesseitigen Leben der Inder genießen „Reichtum und Geld ... eine fast überschwängliche Schätzung" (Weber 1916-1920/1998, (S. 253)). Ausnahme sind die Jains, die aber nichts gegen Reichtum haben, wenn er im Dienste von Dritten verwendet wird. „Die schrankenlose Erwerbsgier der Asiaten im Großen und im Kleinen ist in aller Welt als unerreicht berüchtigt und im Allgemeinen wohl mit Recht. Aber sie ist eben „Erwerbstrieb" (statt durch Wettbewerb gezügeltes und Moral geläutertes natürliches Selbstinteresse, d. V.), dem mit allen Mitteln der List und unter Zuhilfenahme des Universalmittels: Magie nachgegangen wird" (Weber 1916-1920/1998, (S. 259)).

Es mangelt dem Hinduismus an „innerweltlicher Rationalisierung der Lebensführung"(Weber 1916-1920/1998, (S. 253)). Dies gelingt durch eine Verbindung von Ethik und Ökonomie, wie dies etwa der Moralphilosoph und geistige Vater der Ökonomie Adam Smith postuliert hat. „Es fehlte gerade das für die Ökonomik des Okzidents Entscheidende: die Brechung und rationale Versachlichung des Triebcharakters des Erwerbsstrebens und seine Eingliederung in ein System rationaler innerweltlicher Ethik des Handelns, wie es die „innerweltliche Askese" des Protestantismus im Abendland vollbracht hat. Dafür fehlen in der asiatischen religiösen Entwicklung die Voraussetzungen. Wie sollte sie auf dem Boden einer Religiosität entstehen, die auch dem Laien das Leben als „Bhagat", als heiliger Asket, nicht nur als Altersziel, sondern sogar die zeitweise Existenz als Wanderbettler während arbeitsloser Zeiten seines Lebens... als religiös verdienstvoll anempfahl?" (Weber 1916-1920/1998, (S. 259)).

Im Hinduismus wie im Buddhismus fehlen die Kategorien von „gut" und „böse": „Allein in Asien war der Gegensatz nirgends ein solcher des ethischen Gottes gegen eine Macht der Sünde, des radikal Bösen, welche durch aktives Handeln im Leben zu überwinden wäre. Sondern entweder die ekstatische Gottbesessenheit, durch orgiastische Mittel zu gewinnen, im Gegensatz zum Alltag, in welchem das Göttliche nicht als lebendige Macht gefühlt wird. Also: eine Steigerung der Mächte der Irrationalität, welche die Rationalisierung der innerweltlichen Lebensführung geradezu hemmte. Oder der apathisch-ekstatische Gottbesitz der Gnosis im Gegensatz zum Alltag als der Stätte des vergänglichen und sinnlosen Treibens"(Weber 1916-1920/1998, (S. 259)).

Frömmigkeit um der Vergebung der Sünden willen ist nicht ethisch verdienstvoll und Nirwana als Ziel idealisiert das Nichtstun, statt Leistung zu fördern. (Weber 1916-1920/1998, (S. 259)). "Schlechthin keinem Hindu wäre es eingefallen, in dem Erfolg seiner ökonomischen Berufstreue das Zeichen seines Gnadenstandes zu erblicken oder – was wichtiger ist – die rationale Umgestaltung der Welt nach sachlichen Prinzipien als eine Vollstreckung göttlichen Willens zu werten und zu unternehmen"(Weber 1916-1920/1998, (S. 251)). "Statt eines Antriebs zur rationalen Vermögensakkumulation und Kapitalverwertung (im Dienste der Allgemeinheit, d. V.) schuf der Hinduismus irrationale Akkumulationschancen für Magier und Seelenhirten und Pfründen für Mystagogen und ritualistisch oder soteriologisch orientierte Intellektuellenschichten"(Weber 1916-1920/1998, (S. 259)).

Freilich ist das harte Urteil Max Webers zu relativieren. Denn die Inder haben neben religionstheoretischen Höchstleistungen wie dem von Denkern wie etwa Vivekananda und Ramakrishna entwickelten Neohinduismus auch die analytischen Wissenschaften hervorgebracht, die vielen praktisch angewandten Entwicklungen Taufpate standen. Die Inder bescherten der ganzen Welt – nur nicht sich selbst - beträchtliche Wohlfahrtsgewinne. Ohne Mathematik etwa könnte man sich den hohen Entwicklungsstand im Westen erst gar nicht vorstellen.

8.7 – Religion und Kosmos

8.7.1 - Die Welt: ein Gaukelspiel unserer Sinne?

Ist es eine Sinnestäuschung oder Maya, wie die vedantische Philosophie von Shankara sagt, wenn sich der Mensch als ein Individuum erlebt, der in eine wahrnehmbare Umwelt gestellt ist? Zaubert uns das dämonische Scheinwesen Isvara eine Scheinwelt vor? Sind unsere Sinnesorgane Teil dieses vorgezauberten Gaukelspiels? Sind wir nur Produkt unseres Bewusstseins? Sind die Erscheinungen oder die Materie Trugbilder unserer Sinne? Existieren wir wirklich? Ist es so, dass „bei dieser Auffassung von der Trugnatur der Realität …befreiende Erkenntnis nur durch eine mystische Wiedervereinigung des durch seine kosmische Illusion individualisierten Geistes mit dem göttlichen All-Einen, dem Brahman erfolgen (kann, d. V.)?" (Weber 1916-1920/1998)

Richtig ist, dass sich unsere Wahrnehmung von der quantenphysikalischen Realität unterscheidet, wie wir dies bei der Abhandlung des Buddhismus bereits gesehen haben. Wir nehmen feste Körper und einen dreidimensionalen Raum wahr. Hingegen sind sowohl Makrokosmologie oder Weltallforschung als auch Mikrokosmologie oder Atomphysik zu dem Ergebnis gekommen, dass der Raum fast leer ist und dass er die Zeit als mindestens vierte Dimension einschließt. Die Abstände zwischen den Sternen sind unvorstellbar groß. (Freilich nehmen wir nur 4 % des Weltalls in Form der sichtbaren Materie wahr und nicht die 23 % Dunkelmaterie und 73 % dunkler Energie (Küng 2008, (S. 93)). Das Atom, das Aristoteles für unteilbar gehalten hat, besteht ebenfalls fast nur aus leerem Raum und ist bei Beobachtung in immer kleinere Bausteine zerlegt worden. Auch kann man gemäß der Heissenbergschen Unschärferelation nicht gleichzeitig Ort und Geschwindigkeit eines Teilchens genau bestimmen.

Ferner ist es so, dass unser Wahrnehmungsapparat, aus dem wir unser Weltbild gewinnen, nicht umfassend ist. „Für all die vielen Wellenlängen, auf die unser „Empfangsapparat" nicht abgestimmt ist, sind wir selbstverständlich taub, und wir wissen nicht, wir können nicht wissen, wie viele ihrer sind. Wir sind „beschränkt" im buchstäblichen wie im übertragenen Sinne des Wortes" (Lorenz 1997, (S. 19)).

Es muss nach Popper differenziert werden zwischen den Erscheinungen, die Gegenstand der Physik sind und der Welt an sich bzw. dem Ding an sich: „Das Ding an sich ist unerkennbar: Was wir erkennen können, sind nur die Erscheinungen, die man (wie Kant gezeigt hat) als Auswirkungen des Dings an sich und unseres eigenen Wahrnehmungsapparates verstehen kann. So sind die Erscheinungen das Ergebnis einer Art Wechselwirkung zwischen den Dingen an sich und uns selbst" (Popper, zitiert nach Lorenz 1997, (S. 20)) Siehe auch Küng 2008, (S. 55)).

Als Ergebnis dieser Wechselwirkungen sind wir weit mehr als weitgehend leerer Raum oder ein Empfangsgerät mit minimalem Wahrnehmungsspektrum. Richtig ist, dass ein lebendes Wesen wie der Mensch eine (Teil-)Ganzheit ist, die zwischen Mikro- und Makrophysik anzusiedeln ist. Diese eigene Welt, die mit der Welt des Großen und der Welt des Kleinen in Austauschbeziehung steht, ist die – lebendige! – Welt des Komplexen. Lebende Systeme bestehen zwar aus Atomen und seinen kleineren Bausteinen, sind aber mehr als die Summe ihrer Teile: „Die Quarks sind Grundbausteine der Materie. Jedes Objekt, das wir sehen, setzt sich mehr oder weniger aus Quarks und Elektronen zusammen. Selbst der Jaguar, dieses traditionelle Sinnbild der Stärke und Wildheit, ist ein Bündel an Quarks – doch welch ein Bündel! Er weist ein unerhörtes Maß an Komplexität auf, Frucht einer Jahrmilliarden währenden biologischen Evolution" (Gell-Man 1996, S. 20)).

Sicherlich ist es auch so, dass die Art, wie der agierende Mensch die Welt wahrnimmt, ihren Sinn hat und wohl auch haben soll. Der Mensch hätte in seiner Frühgeschichte wohl kaum überlebt, und er hätte wohl kaum seine Kreativität und sein Bewusstsein entwickelt, wenn er sich nicht als Einzelwesen empfunden hätte. Das Gefühl, ein Individuum zu sein, das überleben und sein Los verbessern möchte, ist die Wurzel aller Eigenanstrengungen und des gestaltenden Eingreifens des Menschen in die Welt. Kulturelle Höchstleistungen, bahnbrechende Entdeckungen und Erfindungen, wirtschaftlicher und sozialer Fortschritt in der Menschheitsgeschichte sind wohl untrennbar mit Individualität und Differenzierung zwischen Subjekt und Objekt verknüpft. Dabei ist natürlich nicht zu bestreiten, dass der Mensch mit seiner Umwelt interagiert. Und es ist auch nicht zu bestreiten, dass der Mensch in der Meditation keine Subjekt-Objekt-Trennung wahrnimmt.

Unsere Sinne waren also für die Entwicklung der Menschheit naturnotwendig und für Gläubige auch gottgewollt. So gesehen werden wir nicht von unseren Sinnen getäuscht. Und so gesehen sind wir und die Außenwelt ein empirisches Phänomen oder eine subjektive Realität. Wir haben Aufgaben in der Welt zu erfüllen und müssen Verantwortung für uns und schwächere Mitmenschen auf uns nehmen. Freilich sehen das auch Hindus so, wenn sie fordern, dass der Mensch erst seine Pflichten im Leben erfüllen muss, bevor er sich als Sadhu auf die Wanderschaft begeben kann.

Um uns und unsere Welt ranken sich als Produkte menschlichen Geistes ganze Wissenschaftszweige wie Mikro- und Makrophysik, Medizin, Biologie, Chemie, Soziologie, Ökonomie u.v.m. Diese Wissenschaften helfen, dass wir die von uns erfahrbare Realität besser meistern können - auch wenn die letzte Wahrheit eine andere ist. Die letzte Wahrheit liegt in der Unendlichkeit und Ewigkeit, in denen das allwissende All-Eine regiert. Diese Sphäre entzieht sich aber der unmittelbaren Beobachtung und ist nur in mystischer Versenkung zu erahnen oder intuitiv-ganzheitlich zu erspüren.

Die Sphäre des Brahmans oder des Nirwanas ist dem All-Einen oder dem reinen Geist vorbehalten.

Vielleicht auch Philosophen und Mystikern, die dank materieller Sicherheit, Alimenten seitens der Allgemeinheit und Askese oder Genügsamkeit durch Meditation in diese geistigen Regionen vordringen können.

Für die überwiegende Mehrzahl der Bürger aber ist das – auch jenseitige – Diesseits oder die Lebensrealität die Welt, in die sie hineingehören. Die hierzu passende Philosophie ist – statt des Shivaismus und der „die-Welt-als-Illusions-These" von Shankara, die Weltabkehr predigen – ein weltbejahender Vishnuismus. Gemeint ist Vishnu als Hochgott, der sich in der Schöpfung zwar spiegelt, der aber mehr ist als die Schöpfung und der als letzte Ursache hinter allen Dingen und der Schöpfung und Evolution steht. Er regiert ewig, ist stofflos, alles durchdringend, allmächtig, allwissend und wohlwollend.

8.7.2 – Statt der „die-Welt-als-Illusions-These": Naturkonstanten, die Leben ermöglichen

Der Mensch ist selbst gewissermaßen ein Midi-Universum. Er ist zwischen der Welt des Großen und der Welt des Kleinen, die alle drei miteinander verknüpft sind, angesiedelt und kann mit seinen Messinstrumenten und Augen in beide anderen Welten hineinblicken. Der französische Mathematiker, Physiker, Literat und Philosoph Blaise Pascal (1623 – 1663) hat von Größe und

Elend des Menschen gesprochen: „Denn was schließlich ist der Mensch in der Natur? Ein Nichts gegenüber dem Unendlichen, ein All gegenüber dem Nichts, eine Mitte zwischen Nichts und All" (Pascal, zitiert nach Küng 2008, (S. 94)).

Es liegt an Eigenschaften unseres Universums, dass der Mensch entstanden ist und exakt an der Schnittstelle zwischen Makro- und Mikrokosmos steht. "Die Größe des Menschen steht rein zahlenmäßig zwischen der Größe der Atome und der Größe der Sterne. Dabei ist es kein Zufall, dass die Natur ihre größte Komplexität bei einer solchen Zwischenskala erreicht: Wesentlich größere Dinge würden auf einem bewohnbaren Planeten durch die Gravitation erdrückt" (Rees 2006, (S. 196)).

Dass sich die Metawelt des Komplexen als dritte Realität neben Mikro- und Makrokosmos hat entwickeln können, liegt u.a. am Wert des für die Struktur des Kosmos so wichtigen Zahl Q. Die Zahl Q ist „die Energiedifferenz zwischen den größten und kleinsten Dichten im Verhältnis zur Gesamtenergie (Einsteins mc^2) der Materie... Nach den Computersimulationen muss Q einen Wert von rund 0,00001 gehabt haben, um die heutigen Galaxien- und Clusterverteilungen erklären zu können.... Interessant ist, dass weder ein wesentlich gleichförmigeres Universum noch ein wesentlich raueres Universum zu einem für uns bewohnbaren Kosmos geführt hätte...

…Wäre Q wesentlich kleiner als 0,00001 (oder 10^{-5}), so hätte sich ein galaktisches „Ökosystem" nie bilden können. Ein sehr gleichförmiges Universum wäre auf ewig dunkel und strukturlos geblieben…. Andererseits wäre ein wesentlich raueres Universum mit einem weitaus größeren Q-Wert als 0,00001 sehr turbulent und von heftigen Prozessen geprägt gewesen. Schon früh in seiner Geschichte hätten sich ausgedehnte Verklumpungen gebildet, weitaus größer als Galaxien. In diesen Materiekondensaten hätten sich keine Sterne gebildet, sondern sie wären zu riesigen schwarzen Löchern kollabiert, die schwerer als ein ganzes Galaxiencluster in unserem Universum wären. Und selbst wenn sich Galaxien hätten herausbilden können, wären die Sterne in diesen Galaxien so dicht gepackt gewesen, dass jedes Planetensystem durch vorbei fliegende Sterne zerschlagen worden wäre" (Rees 2006, (S. 97 ff.)).

Auch weitere Naturkonstanten sorgen dafür, dass in unserem Universum Leben entstanden ist. „Notwendig war ja eine vielfache kosmische Feinabstimmung:

- von Energie und Masse: Wäre die Masse nur etwas zu gering gewesen, hätte sich das Universum zu schnell ausgedehnt, und es wäre zu keiner Verdichtung von Materie und keiner Bildung von Sternen und Entstehung von Leben gekommen. Umgekehrt: Wäre die Masse nur ein wenig zuviel gewesen, hätte sich das Universum fast sofort zusammengezogen;

- von nuklearen Kräften: Wären die Nuklearkräfte schwächer gewesen, hätten sich die für Leben nötigen schweren Elemente (Kohlenstoff, Sauerstoff, Stickstoff) nicht gebildet, und das Universum bestünde nur aus Wasserstoff. Umgekehrt: Wären die Nuklearkräfte nur ein wenig zu stark gewesen, gäbe es nur schwere Kerne und keinen Wasserstoff;

- von Gravitationskraft und Energie durch Kernreaktion in unserer Sonne: Wäre die Gravitationskraft etwas größer gewesen, hätten die Sterne nuklearen Brennstoff sehr viel rascher ausgebrütet, ihre Lebensspanne wäre nur sehr kurz gewesen, und es hätte sich kein Leben bilden können. Umgekehrt: Wäre die Gravitationskraft geringer gewesen, hätte die Materie kaum so gut zusammengehalten.

Die Eigenschaften des Kosmos... sind offensichtlich so genau aufeinander abgestimmt, dass Leben überhaupt möglich ist, ja, auf unserem kleinen Planeten Menschen existieren können. Angesichts all dieser schon von Anfang an gegebenen Relationen, Konstanten und Gesetzen, müssten die Physiker, so scheint es, bezüglich des Ursprungs naheliegende gedankliche Konklusionen ziehen" (Küng 2008, (S. 78)). An anderer Stelle von Küng heißt es: „Wie genau war (in der Anfangssingularität, d. V.) doch der kleine

Überschuss der Materie gegenüber der Antimaterie „kalkuliert", wie präzis der winzige der Protonen gegenüber den Antiprotonen (1 + 10^{-9} = 1,000.000.001) „berechnet", ohne den es gar nicht zu einem Strahlungs- und Materieuniversum und zur verblüffenden Relation von 25% Urhelium und 75% Wasserstoff gekommen wäre! Und folglich auch nicht zur Bildung von Galaxien, Sternen und Planeten, die stabil genug waren für Leben in diesem Universum!" (Küng 2008, (S. 76)).

Wer die Welt als Täuschung oder Fata Morgana ablehnt, übersieht diese Feinabstimmung, die auf die Entstehung von Leben ausgerichtet ist und die Gottes Wille zum Ausdruck bringen kann. Für John Polkinghorne, einem Physikprofessor aus Cambridge, der später zu einem Theologen wurde, ist unser Kosmos „die Schöpfung eines Schöpfers, dessen Wille es war, dass alles genauso ist." (Polkinghorne 1994, zitiert nach Rees 2006, (S. 175)).

8.7.3 – Statt Negation der Welt - Ein anthropisches Prinzip?

Die für Leben maßgeschneiderten Naturkonstanten in unserem Universum werfen natürlich die Frage auf, ob der Mensch und seine Welt ein ungeplantes Zufallsprodukt ist. Oder sollten wir unsere Existenz so interpretieren, dass die Entstehung von Leben ein höheres Ziel hinter der

Schöpfung ist – also dass Gott uns will (anthropisches Prinzip). Dies ist eine völlig konträre Sicht zur weltverneinenden hinduistischen Vorstellung von der Welt als Illusion, die es zu überwinden gilt.

Zu unterscheiden ist ein „starkes" und ein „schwaches" anthropisches Prinzip. Das starke anthropische Prinzip ist 1973 formuliert worden und geht auf den britischen Physiker Brandon Carter zurück: Demnach seien die Naturkonstanten und -gesetze so beschaffen, dass zwangsläufig Leben und menschliche Intelligenz entstehen mussten. (Küng 2008, (S. 167)). Nach dieser Sichtweise ist der Mensch also die Krönung der Schöpfung. „Der australische Physiker Paul Davies will…in der Evolution sogar ausdrücklich einen „Plan Gottes" (Mind of God) erkennen,..." (Küng 2006, (S. 167)).

Der bekannte Theologe Küng lehnt das starke anthropische Prinzip ab. Es „ erscheint mir eine allzu anthropomorphe und anthropozentrische Vorstellung des Schöpfers zu seiner Schöpfung zu sein". (Küng 2008, (S. 167)). Er plädiert für ein schwaches anthropisches Prinzip, das der amerikanische Physiker Robert H. Dicke im Jahr 1961 formulierte. Demnach sind die Grundbedingungen im Universum so konstruiert, dass Leben entstehen kann.

„Würde es nicht ausreichen, das Prinzip im weichen Sinn zu verstehen: dass man im Rückblick erkennt, wie der Kosmos faktisch so ist, dass Leben und Geist möglich wurde? Auch dieses Prinzip wäre sicher kein wissenschaftlicher Beweis, dass Gott den Menschen so gewollt hat. Wohl aber dürfte es ein unübersehbarer Hinweis darauf sein, dass das Ganze des Evolutionsprozesses nicht sinnlos ist, sondern zumindest für den Menschen, der als erstes Wesen zur Reflexion fähig ist, einen Sinn hat.

Von daher wäre jedenfalls besser verständlich, warum der Mensch und er allein fähig war, mit seiner Vernunft mathematische Formeln zu erarbeiten, um dann festzustellen, dass die Natur selbst in der Sprache der Mathematik verfasst ist, die er langsam, langsam zu entziffern vermag. Jede Abänderung der kosmischen Zahlenwerte hätte nun einmal ein anderes Weltall geliefert, in welchem die Entwicklung von Leben, zumal geistigem Leben, unwahrscheinlich oder gar unmöglich gewesen wäre" (Küng 2008, (S. 167)).

Für Physiker stellt sich in Bezug auf das anthropische Prinzip die Frage, die schon Albert Einstein aufgeworfen hat: „Hätte Gott die Welt auch anders erschaffen können?" (Rees 2006, (Klappentext hinten)). Sind also andere Universen theoretisch denkbar, die unterschiedliche Grundbedingungen aufweisen, und was bedeutete das für die Akzeptanz des anthropischen Prinzips?

„Lautet die Antwort (auf die Frage von Rees, d. V.) „Ja", so hat das faszinierende Konsequenzen.

Unser Universum wäre dann nur eines unter vielen, unsere Naturgesetze wären dann nicht mehr als lokal geltende „Verordnungen", unsere kosmische Heimat ein einmaliger Ort, dessen maßgeschneiderte Rahmenbedingungen die Entstehung von Leben ermöglichen" (Rees 2006, (Klappentext hinten)). Sollte Gott keine Wahl gehabt haben, „wären die sogenannten anthropischen Bedingungen nicht nur legitim, sie wären sogar die einzigen Erklärungen für gewisse grundlegende Eigenschaften unseres Universums" (Rees 2006, (S. 191)).

Allerdings: Würden alle anderen alternativen Universen auch Leben hervorbringen, würde dies – wie jene pantheistischen Physiker meinen, die Gott mit der Natur gleichsetzen, – nicht schlüssig beweisen, dass Gott keine Wahl gehabt habe und dass sich Menschen keine Illusionen in Bezug auf ein anthropisches Prinzip machen sollten. Ebenso kann man argumentieren, dass ein welttranszendenter und weltimmanenter Gott Naturkonstanten und -gesetze so „gestrickt" hat, weil er Leben auf breitester Front will. Man kann sogar darin einen Beleg für das starke anthropische Prinzip sehen. Letztlich lässt sich das anthropische Prinzip weder beweisen noch widerlegen.

Derzeit ziehen etwa 10 Prozent der Physiker (Küng 2008, (S. 82)) die Existenz eines ewigen und unendlichen Multiversums in Betracht, in dem sich unser Universum als einzelne Blase abgespalten hat. Es gibt keinen empirischen Zugang zu jenen potentiellen alternativen Raum-Zeit-Gebilden, auf die noch im Gliederungspunkt 8.7.10 eingegangen wird. Doch lassen sich Multiversen theoretisch analysieren.

Ob in diesem potentiellen Multiversum das Gesetz des blinden Zufalls herrscht und Vielfalt mit unterschiedlichen Naturkonstanten zulässt oder ob ein panentheistischer Gott einem oder allen Universen Leben schenkt, ist eine Glaubensfrage.

8.7.4 – Die Realität – Universum, Mensch, Ich

Die Wirklichkeit, das ist zum einen unser Universum mit seiner zeitlichen und räumlichen Dimension, die schier unendlichen Tiefen des Alls und die unvorstellbar kleine Welt der Elementarteilchen. Die Wirklichkeit, das ist für einen gläubigen Menschen aber auch das Absolute hinter dem Relativen, das All-Eine, die Gottheit.

Die Wirklichkeit, das ist neben den Tieren und Pflanzen besonders der Mensch, „das sind die Menschen aller Schichten und Klassen, aller Farben und Rassen, Nationen und Regionen, das sind Einzelmensch und Gesellschaft. ... Der Mensch als ein Naturwesen, Objekt der Naturwissenschaft und der Medizin, Objekt der Geisteswissenschaft, nicht genau zu berechnen, oft genug sich selbst ein Rätsel. Der Mensch – verantwortlich für den gigantischen technologischen Fortschritt, aber auch für nie da gewesene Umweltzerstörung, Bevölkerungsexplosion, Wassermangel, AIDS.

Die Wirklichkeit: das bin vor allem ich selbst, der ich als Subjekt mir selber Objekt werden kann. … Ich, der ich nach naturwissenschaftlichen Erkenntnissen völlig der materiell biologischen Kausalität unterworfen bin. Ich, der ich aber... mich als fähig erkenne, mich selbst zu erkennen und mich selbst zu entscheiden, strategisch zu denken und zu handeln" (Küng 2008, S. 47 f.)).

Die Wirklichkeit ist also äußerst facettenreich, mehrdimensional und vielschichtig. Man kann sie aus verschiedenen Perspektiven betrachten. So nimmt etwa ein Künstler oder ein religiöser Mensch die Welt anders wahr als ein nüchterner Naturwissenschaftler. „Offensichtlich differenziert sich dieselbe Wirklichkeit je nach Perspektive und Interesse, unter dem sie dem Betrachter erscheint. Offensichtlich gibt es nicht die Wirklichkeit „an sich", offensichtlich gibt es viele unterschiedliche Wirklichkeitsaspekte, Wirklichkeitsdimensionen, Wirklichkeitsschichten" (Küng 2008, (S. 49)). Man sollte niemals seine Sicht der Dinge verabsolutieren. So kann etwa die Naturwissenschaft grundsätzlich Wirklichkeitsschichten jenseits der messbaren Phänomene nicht erfassen.

So facettenreich die Wirklichkeit ist – sie ist eine Einheit. „Schon früh hat man deshalb zu Recht den Dualismus Descartes` zwischen Subjekt und

Objekt, Denken und Sein, Geist und Materie, Seele und Leib, Mensch und Tier der Kritik unterzogen" (Küng 2008, (S. 50)). Diese Einheit kann von gläubigen Menschen intuitiv-ganzheitlich erkannt oder erspürt werden.

8.7.5 – Die „Alles-ist-eins-Philosophie" der Inder

Es steckt viel – auch quantenphysikalisch untermauerte – Wahrheit und Weisheit in der „alles-ist-eins-Philosophie" der Inder. Typisch für indisches Denken ist die Identifikation, das ist der Glaube, „dass das Neue auch das Alte ist, dass die Zukunft auch Vergangenheit, dass Mensch und Tier eins sind, dass Gott auch Mensch, der Mensch aber auch Gott ist, dass das Teil, das Singuläre, das einzelne schon das Ganze und dass das Diesseits das Jenseits und das Jenseits das Diesseits ist" (Michaels 2006, (S. 377)).

„So bringt Indien bei dem unvermeidlichen Zusammenwachsen der Kulturen und Religionen sein wohl sympathischstes Unterpfand mit: den weisen lächelnden Habitus des Gleichmuts und des Muts zu Gleichungen, bei denen das Selbst – nicht das sehn- und selbstsüchtige Ich – mit Freund und Feind, Tier und Pflanze identisch ist. Vielleicht ist dieser Gleich-Mut das, was einer gottlosen Welt, die mehr auf Erlös als auf Erlösung aus ist, am Ende guttut". (Michaels 2006, (S. 377)).

Indiens Gleichmut hat ohne Zweifel seine guten Seiten: Innerer Frieden und Ausgeglichenheit sind überragend wichtige Faktoren für das persönliche Wohlergehen. Viele mögen diesen Werten einen höheren Rang zubilligen als materiellen Gütern. Allerdings: Ohne Nahrung, Bekleidung und einem Dach über dem Kopf kann der Mensch nicht überleben. Bei aller Sinnsuche und Streben nach innerem Frieden und Ausgeglichenheit darf die tägliche Lebensbewältigung nicht aus den Augen verloren werden. In weiten Teilen Indiens herrscht noch ein täglicher Kampf um das Überleben und die Beseitigung elementarer Engpässe. Angesichts hoher Güterknappheit täte also – statt kontemplativer Ruhe – mehr Aktivität not. Gefragt ist eine lebensbejahendere Philosophie, in deren Zentrum das agierende Individuum steht.

Im Kampf ums Überleben und für eine Verbesserung des irdischen Loses ist ein gesundes Maß an Differenzierung zwischen sich und der Außenwelt erforderlich, auch wenn es sich dabei nur um eine subjektive Realität oder Sinnestäuschung (Maya) handeln sollte. Rein theoretisch würde die Spezies Mensch nämlich gar nicht existieren, wenn die ersten Menschen indischen Gleich-Mut aufgebracht hätten. Sie wären dann wohl physisch überlegenen Raubtieren zum Opfer gefallen oder verhungert und erfroren. So gesehen ist Gleich-Mut ein existenzverleugnendes Konzept.

Die Tatsache, dass sich der Mensch als Individuum begreift, von der Außenwelt abgrenzt, dass er aktiv ist und dass er wirtschaftet, ist die eigentliche Triebfeder, die uns von der Steinzeit in die Moderne geführt hat. Auch ist Freude an den eigenen Aktivitäten eine bedeutsame Quelle für das Wohlergehen. Man kann letztlich göttliche Absicht dahinter vermuten, dass der Mensch eine gigantische Entwicklung vom Fast-Primaten zum modernen Naturwissenschaftler oder Computerexperten absolviert hat und dass es Phänomene wie Unterschiedlichkeit und Individualität gibt.

Strebt man nach möglichst viel Glück im Leben, bedarf es also nicht nur eines gesunden Maßes an Gleichmut, sondern auch an Aktivität, Praxisbezug, Existenzbewältigung. In der Ökonomie ist alles eine Frage der ausgewogenen Dosierung. Im Westen gibt es zweifelsohne ein Übermaß an Realitätssinn, der teils zum platten Materialismus übersteigert ist und zu wenig Gleichmut. In Indien dominiert das Spirituelle, gleichzeitig herrscht aber immer noch materielle Not in weiten Teilen des Landes.

8.7.6 – Wie Meditation zu beurteilen ist

Meditation ist zweifelsohne eine wertvolle Technik für die Selbstfindung und für die Harmonisierung von Geist, Körper und Seele. Es ist allerdings zu fragen, „ob Meditation die einzige oder nur eine von mehreren gleichwertigen Techniken der Selbstfindung und der möglichen Reifung ist" (Singer und Ricard 2008, (S. 132)). Ferner stellt sich die Frage, ob es auch westliche Techniken der Gehirnschulung oder Erziehung und Ausbildung gibt, die ähnliche Gehirnaktivitäten bewirken wie die Meditation. Im Urteil von Gehirnforschern entwickeln sich die Gehirnfunktionen auch durch den Kontakt mit der Außenwelt, nicht nur durch Versenkungstechniken. (Singer und Ricard 2008, (S. 29))

Werden Meditation und Vermeidung von Karma als Hauptelemente einer weltabgewandten Sicht der Dinge praktiziert, mag man ferner darüber diskutieren, ob dies aus ökonomischer Sicht nicht zu viel des Guten ist. Auch aus ethischer Sicht ist diese Weltabkehr zu hinterfragen, weil man sich von der Hilfe seiner Mitmenschen abhängig macht.

Meditation sollte in einer Welt der Knappheit nicht alleiniger Lebensinhalt sein. So wertvoll Meditation ist: Wichtig ist auch, dass man sich in den Dienst seiner Mitmenschen stellt. Das erreicht man neben altruistischem Handeln dadurch, dass man sich beruflich auf die Tätigkeiten konzentriert, die man am vergleichsweise besten bewältigen kann, dass man also seine spezifischen Begabungen in das System der globalen Arbeitsteilung einbringt.

Dadurch nutzt man indirekt der Allgemeinheit, obwohl man primär sein Selbstinteresse verfolgt. Berühmt ist das Zitat von Adam Smith: „Nicht dem Wohlwollen des Metzgers, Brauers und Bäckers verdanken wir unser Essen, sondern der Tatsache, dass diese ihre eigenen Interessen verfolgen".

Einer der weltweit führenden Gehirnforscher, Wolf Singer, resümiert: „Somit sollten die erworbenen Fähigkeiten zu einem integralen Bestandteil der Persönlichkeit und damit des Lebens werden. Auf einer gewissen Stufe der Individualentwicklung sollte jeder Mensch über mentales Training diese wünschenswerten Fertigkeiten erwerben und vervollkommnen, aber dann sollte er sich wieder der Interaktion mit anderen stellen und nicht in seiner Einsiedelei oder in der geschützten Umgebung von Klöstern verweilen. Für Lehrer ist dies sicher der geeignete Ort, weil sie dort am besten ihre Weisheit an die Schüler weitergeben können und diese auch dort unter nahezu idealen Bedingungen ihr mentales Training vervollkommnen können. Aber die Schüler sollten sich da wohl nur für einen begrenzten Zeitraum aufhalten und dann in die Welt hinausgehen, um das gelernte anzuwenden und die Welt zu verbessern" (Singer und Ricard 2008, (S. 131)). "Es gilt…, einen Kompromiss zu finden zwischen der Zeit, die man in die eigene Entwicklung investiert, und der Zeit, die man erübrigt, um die Bedingungen draußen in der Welt zu verbessern, indem man in ihr handelt" (ebenda, (S. 133)).

Neben dem richtigen Beruf trägt auch altruistisches Handeln mehr zum Dienst am Mitmenschen bei als Kontemplation. „Denn unser eigenes Glück ist eng verbunden mit dem der anderen: Der Großteil unserer Schwierigkeiten rührt daher, dass wir so wenig Interesse an unseren Mitwesen zeigen. Das Glück, das der einzelne sich aufbaut, ohne auf das Leid der anderen zu achten, oder schlimmer noch, das Glück, das sich gar auf ihrem Leiden baut, ist nur ein schwacher Abglanz des wahren Glücks" (Ricard, Thuan 2008, (S. 384)). Es ist daher notwendig, Meditation durch Handeln zu flankieren, das auch Dritten nutzt.

8.7.7 – Gibt es empirische Anhaltspunkte für die zyklische Kosmologie der Hindus?

In der indischen Mythologie „atmet" das Universum. Phasen der Weltentstehung und der Weltzerstörung durch den kosmischen Tanz Shivas wechseln sich in ewiger Wiederkehr zyklisch ab. Die indische Kosmologie ähnelt modernen naturwissenschaftlichen Zyklus-Modellen, die einen ewigen Wechsel von Expansions- und Kontraktionsphase des Universums unterstellen. Es wird behauptet, „dass das Universum schließlich durch die Anziehungskräfte der Gravitation zum Stillstand kommt und sich dann zusammenzieht und wieder in sich zusammenstürzen wird" (Küng 2008, (S. 79)).

Diese Modelle haben Wissenschaftler geschmiedet, die die Vernunft verabsolutieren, die alles wissenschaftlich erklären wollen und die Probleme mit der Einzigartigkeit der sogenannten „Anfangssingularität" haben, weil diese auf Gottes Wirken hindeutet. „Ein möglicher Weg, diese einzigartige Zeit (zu Beginn unseres Universums, d. V.) zu umgehen", ist die Behauptung, „dass unsere eigene Periode tatsächlich nicht einzigartig, sondern nur einer von vielen Zyklen des Universums" ist. (Küng 2008, (S. 78)). Das Modell des pulsierenden Universums ist als perpetuum mobile konzipiert, als selbsttätige Maschine, die keines Anstoßes oder keiner Energiezufuhr bedarf.

Wäre für unser Universum eine verzögerte Expansion typisch, käme es in der Tat in ferner Zukunft wegen der Gravitation zu einem Kollaps. Tatsächlich scheint für unser Universum aber eine beschleunigte Expansion typisch zu sein (Rees 2006, S. 117 ff.). „Gegenwärtig kennen wir keinen Mechanismus, der eine neue Explosion auslösen würde. Es gibt im Universum auch keine ausreichende Masse, um seine Expansion entsprechend zu verlangsamen und die darauf folgende Kontraktion herbeizuführen" (Charles Towns, zitiert nach Küng 2008, (S.79)).

„Mehr als reine Spekulation ist ein solches zwischen Phasen der Kontraktion und der Expansion

„oszillierendes" Universum nicht. Ja, es braucht schon einen starken „Glauben", ohne alle empirischen Belege anzunehmen, dass auf jeden Big Crunch ein neuer Big Bang folgen werde, der eine neue Welt mit total anderen Naturgesetzen hervorbringen würde" (Küng 2008, (S. 219)).

Allerdings ist jüngst im Jahr 2012 durch Teilchenphysiker des Kernforschungszentrums Genf das sogenannte „Gottes-Teilchen" oder Higgs-Boson entdeckt worden, das eine Instabilität des Universums begründen könnte. Der Nachweis des Higgs-Bosons ist vom Wissenschaftsmagazin „Science" als die wissenschaftliche Entdeckung des Jahres gefeiert worden. Das Higgs-Boson, das in den siebziger Jahren der britische Physiker Peter Higgs vorausgesagt hat, bewirkt die Grundeigenschaft aller Materie, nämlich die Masse.

Am 19. 2. 2013 wurde in der Presse verkündet, dass der theoretische Physiker Joseph Lykken und andere Wissenschaftler glauben, dass die Masse des „Gottes-Teilchens" in einem Bereich liegt, der zur Instabilität des Vakuums und damit des Universums führt. „„Ohne Warnung" könne sich eine Vakuum-Blase irgendwo im Universum bilden, und sich mit Lichtgeschwindigkeit ausdehnen. Bevor wir merken, was uns hinweggefegt hat, wären unsere Protonen schon zerfallen" (Michael Turner und Frank Wilczek, zitiert nach Spiegel ONLINE vom 19. 2. 2013). „Das metastabile Universum könne eine Lebensdauer von 10 Milliarden

(10^{10}), aber auch von unvorstellbaren 10^{30} Jahren haben" (Michael Turner und Frank Wilczek, zitiert nach Spiegel ONLINE vom 19. 2. 2013).

Sollte der empirische Nachweis der kritischen Masse gelingen, müsste man sagen: Eins zu Null für die alten Inder. Der kosmische Tanz Shivas als Nataraja, der das Universum schöpft, zerstört und wiedererschafft, wäre dann wissenschaftlich belegt.

8.7.8 – Die Anfangssingularität und der Urknall

Nachdem 1964 die kosmische Hintergrundstrahlung durch Arno Penzias und Robert Woodrow Wilson entdeckt worden ist, vertreten heute die meisten Astrophysiker die Urknalltheorie. Dieses Standard-Modell des Universums ist stets neu bestätigt worden. Freilich lässt sich keine Theorie endgültig verifizieren. Sie ist immer nur unter dem Vorbehalt gültig, dass sie (noch ?) nicht falsifiziert worden ist.

Am Anfang des Universums vor 13,7 Milliarden Jahren (neueste Untersuchungen sprechen von 13,82 Milliarden Jahren) – war gemäß dieser Theorie ein winziger, unvorstellbar heißer und extrem dichter Urfeuerball, - eine sogenannte Anfangssingularität - aus dem oder der – nach einem Urknall – die Milliarden an Galaxien entstanden sind, die wir heute mit unseren Teleskopen beobachten.

„Doch ...die Urknalltheorie wirft grundlegende Fragen auf, auf die wir bisher erst wenige befriedigende Antworten gefunden haben und die die Naturwissenschaftlich nicht mit einem Achselzucken abtun sollte. Sie betreffen ... vor allem den Anfang der Welt" (Küng 2008, (S. 73)).

Wenn am Anfang nur ein Urfeuerball da war, „stellt sich doch unweigerlich die Frage: Woher kam er? Und was war die Ursache der unvorstellbaren gigantischen Urexplosion? Woher die unermessliche Energie der kosmischen Expansion? Was bewirkte ihren ungeheuren Anfangsschwung?... Woher... die fundamentalen universalen Naturkonstanten:

- atomare Grundkonstanten wie die Elementarladung e, die Ruhemassen des Elektrons und der Bausteine (Quarks) der Protonen und Neutronen,

- das Plancksche Wirkungsquantum h,

- die Boltzmann-Konstante k,

- auch abgeleitete atomare Konstanten und Größen wie die Lichtgeschwindigkeit c?" (Küng 2008, (S. 75)).

„Auf die Grundfrage nach dem Woher der kosmischen Ordnungsprinzipien geben die Handbücher der Astrophysik keine Antwort; das ist verständlich. Weniger verständlich aber ist, dass sie solche Grundlagenfragen nicht einmal andeuten. Die Handbücher beginnen, wenn man so will, mit dem zweiten Schöpfungstag – oder nach der ersten 100stel Sekunde nach dem Urknall" (Küng 2008, (S. 75)).

In der ersten 100stel Sekunde geht es nicht um eine „Abfolge vieler vergleichbarer Momente einer beginnenden Weltgeschichte. Nein. Es geht um die Ermöglichung der Weltgeschichte überhaupt: nicht nur um den zeitlichen Anfang, sondern um den Anfang der Zeit! Das heißt, kein relativer, sondern der absolut erste Anfang, der kein Anfang innerhalb der Welt-Zeit oder Zeit-Welt sein kann, ja ohne den die Welt-Zeit oder Zeit-Welt gar nicht erklärt werden kann" (Küng 2008, (S. 61)).

8.7.9 – Die Zukunft unseres Universums, das Ende des Menschen

Die Mehrheit der Astrophysiker glaubt heute aufgrund empirischer Beobachtungen: „Die Expansion des als sehr flach …vermessenen Universums schreitet ständig fort, ohne abgebremst zu werden und in Kontraktion umzuschlagen. Ja, das Universum beschleunigt möglicherweise durch eine über das ganze Universum verteilte „dunkle Energie"…, dehnt sich immer rascher aus. Auch hier machen die Sterne ihre Entwicklung durch. Wenn ihr Energievorrat verbraucht ist, kommt es bei schweren Sternen zur Supernova-Explosion (mit einer möglicherweise eine Milliarde Mal größeren Leuchtkraft als die Sonne); da stürzt der innere Teil der Masse durch Gravitation ins Zentrum und es bildet sich ein Neutronenstern. Bei kleineren Sternen, wie etwa der Sonne, bildet sich zum Schluss ein „Weisser Zwerg"". (Küng 2008, (S. 219 f)). Astrophysiker spekulieren auch, dass in rund 5 Mrd. Jahren unsere Milchstraße mit dem Andromedarnebel zusammenprallt (Küng 2008, (S. 218)).

„Langsam wird Kälte im Kosmos einziehen, Tod, Stille, absolute Nacht. Aber schon lange vorher bläht sich unsere Sonne auf zu einem „Roten Riesen" und verschluckt die Erde, bis auch sie erlischt, weil ihr Wasserstoff verbraucht ist" (Küng 2008, (S. 219 f)). Das wird in 5 Milliarden Jahren der Fall sein. Die Menschheit hat in unserem Universum also keine unendliche Zukunft vor sich, sondern es wird für sie eine End-Zeit geben.

„Wie die „ersten Dinge", so sind auch die „letzten Dinge" direkten Erfahrungen nicht zugänglich... Auch am Ende der Geschichte von Mensch und Welt steht Gott!" (Küng 2008, (S. 224)) - zumindest für den gläubigen Menschen. Küng vertraut „auf ein Sterben in die allererste-allerletzte Wirklichkeit, in Gott hinein, was – jenseits von Raum und Zeit in der verborgenen Realdimension Unendlich – alle menschliche Vernunft und Vorstellung übersteigt" (Küng 2008, (S. 225)).

Dieser Glaube in die „Ultimate Reality" wird im Grunde von allen Weltreligionen geteilt, auch von den meisten Buddhisten.

8.7.10 – Leben wir gar in einem Multiversum?

Für den Hindu ist nicht nur die Zeit unendlich, sondern auch der Raum. „Denn er weiß, dass der Schöpfergott nicht nur unsere Erde, Sonne, Mond und Sterne, also unsere Welt hervorbringt, sondern unzählige parallele Welten. Wie Lotusblumen schwimmen sie auf den unendlichen Wassern, auf denen der kosmische Gott Vishnu ruht, wie Lotusblätter öffnen und schließen sie sich, entstehen und vergehen sie" (Küng und von Stietencron 1999, (S. 90)).

In der neueren Physik spielen ebenso Multiversal-Theorien eine Rolle. Sie sind eine Reaktion auf das offensichtliche „Designer-Universum". Jene Physiker, die es als eines von unendlich vielen deklarieren, versuchen zum Teil, sich an der hinter der Einmaligkeit unseres Universum stehenden Frage nach Gott vorbei zu manövrieren. Nach Andrej Linde und Alexander Vilenkin ist es möglich, dass aus getrennten „Big Bangs" andere Universen in separate Raum-Zeit-Gefüge hineinwachsen (Küng 2008, S. (80)).

Nach Alan Guth, Edward Harrison und Lee Smolin (Küng 2008, S. (80)) können auch – alternativ - „Vorgänge tief im Inneren von schwarzen Löchern die Entstehung eines neuen Universums auslösen. Dieses Universum befände sich in einem von unserem Universum abgetrennten Raumzeitbereich. Sollte dieses Universum dem unsrigen gleichen und Sterne, Galaxien und schwarze Löcher enthalten, dann könnten innerhalb dieser schwarzen Löcher wiederum neue Generationen von Universen entstehen. Diese Prozesse könnten sich beliebig oft wiederholen und zu einer unendlichen Verschachtelung führen…

…In den anderen Universen könnten einige der Naturgesetze oder Naturkonstanten anders sein. Trotzdem handelte es sich bei unserem Universum nicht um ein x-beliebiges. Es gehörte zu einer besonderen Klasse von Universen, in denen die Bedingungen für die Entstehung von Komplexität und Bewusstsein erforderlich sind… Nach diesem Konzept (der Vielzahl von Universen, d. V.) ist unser Universum nur ein winziger, aber besonderer Baustein in einem unendlichen Multiversum" (Rees 2006, (S. 168 ff.)).

Es kann aber auch sein, dass im gesamten Multiversum die Bedingungen für die Entstehung von Leben gegeben sind. „In diesem Fall würde das theologische Argument über eine göttliche Fügung in einem neuen Gewand erscheinen und die Grenze zwischen naturwissenschaftlichen und übernatürlichen Phänomenen weiter verwischen" (Rees 2006, (S. 181)). „Am dramatischsten ist die Möglichkeit, dass das unendliche Meta-Universum selbst in einem Zustand inflationärer Ausdehnung ist, war und immer sein wird, mit einer Temperatur von etwa 10^{31} K und einer Dichte von etwa

10^{93} g pro Kubikzentimeter ... Das alles leitet sich von einer der ersten Lösungen für Einsteins Gleichungen für die Allgemeine Relativitätstheorie ... her" (Gribbin und Rees 1994, (S. 277)).

Auch in der Mikrophysik spielen parallele Welten eine Rolle. Sie sind im Zusammenhang mit einem Gedankenexperiment des Physikers Erwin Schrödinger diskutiert worden, das als „Schrödingers Katze" bekannt ist. Im Experiment wird unterstellt, dass sich in einer geschlossenen Box ein instabiler Atomkern befindet, der innerhalb einer bestimmten Zeitspanne mit einer gewissen Wahrscheinlichkeit zerfällt. In der Box befinden sich weiterhin eine Katze und ein Geigerzähler, der den Zerfall des Atomkerns aufspürt, Giftgas freisetzt und die Katze tötet. Nach der Quantenmechanik befindet sich der Atomkern im Zustand der Überlagerung, er ist noch nicht zerfallen sowie zerfallen. Wäre dies auf makroskopische Systeme anwendbar, ergäbe sich die paradoxe Situation, dass die Katze sowohl lebendig als auch tot ist, bis man hineinschaut, was die Wellenfunktion kollabieren lässt. Dann ist die Katze entweder lebend oder tot.

Lassen wir John Gribbin als einen Kronzeugen aus der Atomphysik zu Wort kommen: „Unsere Suche nach der realen Katze, die in Schrödingers paradoxer Kiste verborgen ist, ist endlich ans Ziel gekommen, denn diese Kiste ist genau das, was ich brauche, um zu zeigen, was die Viel-Welten-Interpretation der Quantenmechanik leistet. Die Überraschung besteht darin, dass die Spur nicht zu einer realen Katze führt, sondern zu zweien...

... Es gibt eine lebendige Katze, und es gibt eine tote Katze; sie befinden sich nur in verschiedenen Welten. Es ist nicht so, dass das radioaktive Atom in der Kiste zerfallen ist oder nicht, sondern es ist sowohl zerfallen als auch nicht zerfallen. Vor eine Entscheidung gestellt hat sich die ganze Welt, das Universum, in zwei Versionen seiner selbst aufgespalten, die in jeder Hinsicht identisch sind, außer das in der einen Version das Atom zerfallen und die Katze gestorben ist, während in der anderen das Atom nicht zerfallen ist und die Katze lebt ... (Diese Theorie, d. V.) beruht auf einwandfreien mathematischen Gleichungen, die sich widerspruchsfrei und logisch als Konsequenz daraus ergeben, dass die Quantenmechanik wörtlich genommen wird" (Gribbin 1996, (S. 252 ff.).

Freilich gibt es auch Wissenschaftler, die sich mit der Theorie unendlicher Kopien von unserer Welt nicht anfreunden können und unser Universum für einmalig halten. Dann erschiene aber für Gläubige die Feinabstimmung in unserem Universum, die die Welt des Komplexen hervorgebracht hat, kaum als Zufall, sondern als ein Wunder oder Hinweis auf ein schöpferisches Prinzip.

An der quantenphysikalischen Begründung der parallelen Universen wird z.B. kritisiert, dass es keine wirkliche Wahl mehr gäbe, wenn alle Wahlmöglichkeiten realisiert werden würden. „Jede

Idee von persönlicher Verantwortung verlöre damit ihre Existenzberechtigung. Ein Krimineller hätte somit alles Anrecht der Welt auf die Milde des Gesetzes, denn wenn er auch in diesem Universum ein Verbrechen begangen hätte, so gäbe es doch mindestens ein weiteres, in dem sich sein Double gegen eine solche Handlung entschieden hätte" (Ricard und Thuan 2008, (S. 70 f.)).

„Außerdem darf in dieser Hypothese keine Verbindung zwischen den Paralleluniversen möglich sein, da andernfalls inkompatible Informationen nebeneinander existieren" (ebenda, S. 71).

Ein religiöser Mensch kann natürlich auch an das aus getrennten Big Bangs oder aus schwarzen Löchern heraus entstehende Multiversum glauben und die Hypothese vertreten, dass alle anderen Welten auch Leben hervorbringen. Der berühmte Theologe Hans Küng sagt hierzu: „Grundsätzliche theologische Einwände gegen ein „Multiversum" sehe ich nicht. Denn ein unendlicher Gott wird durch ein unendliches Universum… in seiner Unendlichkeit in keiner Weise begrenzt" (Küng 2008, (S.83)), weil er „allumfassender und alles durchdringender reiner Geist ist" (Küng 2008, (S.97)).

8.7.11 – Wie die hinduistische Kosmologie das Verhältnis der Inder zu Geschichte und Zeit prägt

Für die Hindus ist ein Denken in Zyklen typisch, für das Vorgänge in der Natur Taufpate stehen: Man denke an den Wechsel von Tag und Nacht, die Abfolge der Jahreszeiten nebst Ernte-Zyklen oder an den Verlauf der Gestirne. „Andererseits aber lässt sich nicht übersehen: Nach heutigen Erkenntnissen macht selbst die Natur nicht nur Kreisbewegungen durch, sondern von den Atomkernen bis zu den Sternen eine nicht rückgängig zu machende Geschichte in eine Richtung..., die vermutlich auch auf ein Ende zuläuft. Von einem Ende dieser Welt geht nun freilich auch die indische Mythologie aus. Dann aber beginnt für sie ein anderer, neuer Zyklus" (Küng und von Stietencron 1999, (S. 158)).

Das Denken in sich ewig wiederholenden Weltuntergangsszenarien und säkular abwärts gerichteten Entwicklungen steht dem Ideal des aktiven Gestaltens einer besseren Zukunft diametral im Wege. Vermeintliche Machtlosigkeit gegenüber angeblich zwangsläufigen Abwärtstendenzen verhindert Eigeninitiative und Zukunftsvisionen. Der schier unendliche Zeithorizont, in dem zumindest hinduistische Inder denken, - auch im Hinblick auf die Wiedergeburtstheorie - unterdrückt den Sinn für das Hier und Jetzt, die Machbarkeit der Dinge und für geschichtliche Zusammenhänge, die sich in menschlichen Zeitdimensionen abspielen. Das Analysieren von Geschichte, das Lernen aus Fehlern der Vergangenheit, die planvolle Weichenstellung für die Zukunft – all das ist dem in kosmologischen Zusammenhängen denkenden und philosophisch angehauchten Inder wesensfremd.

Aus ökonomischer Sicht führen das hinduistische Denken und das mangelnde Zeitgefühl letztlich dazu, dass Zeit nicht als knappes und kostbares Gut begriffen wird oder als Chance, zu lernen und die Welt zu verbessern. „Hindus fühlen sich nicht hineingestellt in ein einmalig kurzes Leben, in dem man sich bewähren muss und das vielleicht entscheidet über ewiges Leben oder ewige Verdammnis. Die Möglichkeit der Wiedergeburt gibt dem Leben einen weiteren Horizont und den Menschen ein anderes Zeitgefühl." (Küng und von Stietencron 1999, (S. 35)). Inder übersehen leicht die Nutzenverluste in einer besseren Alternative, wenn sie sich in der Zeit treiben lassen und Uhren nur zum Schmuck tragen.

Indien hat Weltreligionen und abstrakte Wissenschaften wie die Mathematik hervorgebracht. Es hat in dieser Hinsicht ein hohes Entwicklungspotential und es wird vom 21. Jahrhundert als dem „Jahrhundert indischer Intelligenz" gesprochen. „Gentechnik, Informatik, Nanotechnologie, Kernfusion und Raumfahrt sind Forschungsareale, die im indischen Wissenschaftsbetrieb obenan auf der Agenda stehen" (Neumann-Adrian 2007, (S. 94)).

„Es ist kein Zufall, dass Indien keinerlei nennenswerte Geschichtsschreibung entwickelt hat. Dazu war der Akzent des Interesses, der auf die jeweilige Gestaltung der politischen und sozialen

Verhältnisse fiel, weitaus zu schwach für den Blick des über das Leben und seine Vorgänge Nachsinnenden" (Weber 1916-1920/1998, (S. 96)).

Hält man nach praktischen Erfindungen früher Hochkulturen und nach Geschichtsschreibung Ausschau, muss man den Blick ins alte China richten. Hier wurden z. B. Schießpulver, Porzellan und Seidenherstellung erfunden. Und ohne die historischen Aufzeichnungen von Chinesen wüssten wir heute über viele Länder Asiens deutlich weniger. Was dem heutigen Indien fehlt, ist eine breite industrielle Basis, die Beschäftigungsmöglichkeiten für mit der Hand arbeitende Menschen schafft.

Den Unterschied zwischen Indern und Chinesen verdeutlicht eine Parabel: „Stellen wir uns allegorisch zwei Wanderer vor: einen Inder und einen Chinesen, die denselben Weg gehen... Dichter Nebel umhüllt den Inder auf allen Seiten, er sieht nicht den Weg, den er gehen muss. Aber kein Nebel über ihm versperrt den Blick in die grenzenlose Weite des Himmels. Klar sieht er den „ewigen" Himmel und vergisst letztlich, dass es auch noch Zeit, Geschichte, soziale und politische Entwicklung gibt. Anders der Chinese. Der undurchdringliche Nebel weicht, klar sieht er den Weg, vorwärts ins Kommende und rückwärts ins Vergangene. Dagegen verdeckt nun ein dichter Wolkenschleier den Himmel. Dem Chinesen macht das nichts. Realität besitzt für ihn nur der Weg,

den er sieht, nicht der weit entfernte Himmel".
(Parabel von Amaury de Riencourt, zitiert nach Schweizer 2001, (S. 131)).

8.8 – Fortschritt oder Rückschritt in der Welt?

8.8.1 - Statt eines abwärts gerichteten Prozesses auf Erden säkularer Fortschritt – Adam Smith

Was das Denken der Inder in abwärts gerichteten Zyklen bis hin zur Zerstörung unserer Welt anbelangt, so muss man aus moderner Sicht erwidern: Die Entwicklung ist kein abwärts, sondern wohl eher ein aufwärts gerichteter Prozess. Für gläubige Menschen scheint er unter göttlicher Regie zu stehen, wobei es die Vorsehung gut mit dem Menschen meint.

Ziehen wir als Kronzeugen für diese These, dass die Vorsehung gütig zum Menschen ist und das Geschehen von einer „Unsichtbaren Hand" gesteuert wird, den schottischen Moralphilosophen und geistigen Vater der ökonomischen Wissenschaft Adam Smith (1723 – 1790) heran: Der Smith-Interpret und -Übersetzer Horst Claus Recktenwald resümierte in seiner Würdigung der säkularen Ideen, dass Adams Smith's Aufsätze, „zusammen mit der „Theorie der ethischen Gefühle" und dem „Wohlstand (der Nationen", d. V.) Elemente eines grandiosen Plans sind; nämlich einer umfassenden Philosophie- und Kulturgeschichte der

Menschheit, wie sie etwa Gottfried Herder, Herbert Spencer bis hin zu Arnold Toynbee und Bertrand Russell in Grundzügen entwickelt haben" (Recktenwald 1985, (S. 6)).

In der „Theorie (der ethischen Gefühle, d. V.) entwickelt Smith die Lehre von der wohltätigen Ordnung der Natur, die sich selbst in der Wirkung der Kräfte in der äußeren Natur und den natürlichen Neigungen, die den Menschen angeboren sind, äußert. Die ethischen Gefühle und das Selbstinteresse, geleitet von natürlicher Gerechtigkeit, gemildert durch Sympathie und Wohlwollen, wirken in Verbindung mit den physischen Kräften in der Natur, um die segensreichen Ziele der Natur durchzusetzen. Die gütige Natur liegt dem Phänomen der menschlichen und physischen Natur zugrunde, eine leitende Vorsehung, die bemüht ist, natürliche Abläufe so wirken zu lassen, dass sie „Glückseligkeit und Vollkommenheit der Arten" hervorbringen sollen" (Viner 1926/27/1985, (S. 76)).

Im Urteil des amerikanischen Nobelpreisträgers für Ökonomie, Milton Friedman, war Adam Smith „ein vom „Staunen" getriebener Wissenschaftler, der…Einzelphänomene zu einer Kette zusammenzufügen trachtete, um durch ihre Verknüpfung mit etwas Vorangegangenem den gesamten Ablauf des Universums zu einem sinnvollen Ganzen zu machen" (Friedman 1978/1985, (S. 219)).

Vergleicht man die heutigen humanitären und demokratischen Wohlfahrtsstaaten mit hoher Lebenserwartung, gutem Gesundheitswesen und rasanten Fortschritten in den Wissenschaften mit früheren Zeiten, so muss man zweifelsfrei feststellen: Es geht uns heute besser denn je, besser als es in der Steinzeit der Fall war, besser als im düstersten europäischen Mittelalter mit Inquisitionsgerichten und Kinderkreuzzügen und besser als in Zeiten von inhumanen Diktatoren und Kriegstreibern westlicher und östlicher Prägung. Weltweit traten und treten Menschenrechte, Demokratie, Marktwirtschaft und Freiheit ihren Siegeszug an. Das scheinen natürliche oder gottgewollte Systeme zu sein, die sich historisch durchsetzen.

Welche Gründe haben zu diesem Befund geführt? Triebfeder hinter der säkularen Entwicklung war der Versuch, kurzfristige Schwäche und Unterlegenheit durch intelligente Problemlösungen auszugleichen. Dazu ist ein kreativer Prozess nötig, also neue Ideen, die oft wie „ein Blitz aus heiterem Himmel" einschlagen. Der Volksmund sagt: "Not macht erfinderisch". So sind wohl die Abspaltung der Menschen von den Affen, die Erfindung des Feuers und der Sprache sowie die Entwicklung von Werkzeugen aus der Not heraus geboren. Auch Mutationen wie der aufrechte Gang waren dafür verantwortlich. Man kann die Entstehung des Gehirns und die Entwicklung von Techniken als Mittel im Kampf gegen die Knappheit und die übermächtige Außenwelt interpretieren. Man kann in der Sprache ein ursprüngliches Warnsystem in einer gefahrenvollen Außenwelt sehen oder im Feuer ein Mittel, um wilde Tiere fernzuhalten.

Untrennbar mit der Entwicklung des Menschen ist also der Zwang zum Wirtschaften verbunden. Das ist das bestmögliche Management von Not und Knappheit. Beim menschlich Werden, dem Erlernen von Sozialverhalten und der Entwicklung von Humanität stand des Menschen treuester Begleiter – der Hund – Taufpate (Näheres bei Oeser 2003, (S. 38 ff)).

Mit Zwängen, Notlagen und Knappheiten und ihrer ökonomischen Überwindung kann man die Entwicklung vom Jäger und Sammler bis hin zum modernen hochspezialisierten Menschen im Rahmen einer globalisierten arbeitsteiligen Weltwirtschaft begreifen. Die Knappheit erklärt, dass es zu bahnbrechenden und aus der Not heraus geborenen Erfindungen gekommen ist, wie z. B. zu Eigentum, Arbeitsteilung, Tausch sowie Geld, das Arbeitsteilung und Tausch erst auf breiter Front ermöglicht hat. Mit ökonomischen Denkansätzen lassen sich die Entstehung und der historische Wandel von informellen und formellen Institutionen, die sich der Mensch geschaffen hat, nachvollziehen - seien es nun Familienverbünde, Sippen, Clans oder moderne Staaten.

Triebfedern der ökonomischen Entwicklung sind das natürliche Eigeninteresse der Menschen und der Wettbewerb. Der französische Philosoph und Ökonom Frederic Bastiat drückte das so aus: „Beides für sich betrachtet mag man bekritteln. In ihrem Zusammenspiel begründen sie erst die Harmonie der Gesellschaft".

Leider ist diese Erkenntnis in den Köpfen der meisten Menschen nicht verankert. „Wurzel der Marktkritik ist nicht nur der Unglaube, dass das Eigeninteresse ein gesellschaftlich wünschenswertes Ergebnis hervorbringen kann – gepaart mit dem Credo in die Allmacht staatlicher Lenkung. Ein weiterer Grund liegt im statischen Denken vieler Menschen. Wer in Modellen denkt, in denen das evolutorische Element fehlt, entwirft ein Zerrbild von der Wirklichkeit. Die Marktwirtschaft ist kein Räderwerk, das nach den Gesetzen der Mechanik oder der Mathematik abläuft, sondern ein offenes Lernsystem mit einer historischen Dimension. Es ist schöpferisch in dem Sinne, dass es täglich Neues hervorbringt – Mutationen, wenn man so will. „Die Biologie, nicht die Mechanik, ist das Mekka der Ökonomen" (Alfred Marshall)" (Walter und Rosenschon 1996, (S. 110)).

Dem Wachstumsprozess der Wirtschaft liegen ähnliche Mechanismen zugrunde wie dem von Wissenschaft. Die Zusammenhänge erklärt Herbert Giersch (1981/82). Die Marktwirtschaft dient vor allem der Informationsgewinnung und der Entstehung von Neuem (Paqué 2010). Sie darf nicht gleichgesetzt werden mit einem Mechanismus zum platten Anhäufen von oberflächlichen Dingen.

Der Markt ist ein Instrument, das nur das effizient bereitstellt, was die Menschen wollen. Wer sich an Tand, Klitzerkram und materialistischem Protzkonsum von „Trendsettern", die Nachahmerverhalten auf den Plan rufen, stört, der darf hierfür nicht die Marktwirtschaft verantwortlich machen, sondern muss die Auftraggeber und deren „Werte"system kritisieren, das „zu wenig" superiore Güter hervorbringt. Der Markt ist nur ein Erfüllungsgehilfe wie der Ober im Restaurant, den man auch nicht für seinen Bauch verantwortlich machen darf. Wer sich an oberflächlichen, groben Menschen und deren schlechten Geschmack stört, der muss nach Religionsversagen suchen.

Kehren wir zurück zu den Innovationen, wie sie der Markt tagtäglich erzwingt: Wichtig ist: Ökonomische Zwänge machen plausibel, warum Innovationen erforderlich sind. Sie erklären aber nicht, wie es zu kreativen Leistungen und bahnbrechenden Ideen kommt, die das Los der Menschheit entscheidend verbessern. Große Geister wie Einstein sind Empfänger schöpferischer „Fulgurationen" (Konrad Lorenz), wenn man so will. Sie ähneln letztlich den Gottmenschen oder weisen Menschen der hinduistischen Mythologie.

Hat es neben der ökonomischen Entwicklung auch eine moralische gegeben? Daran könnte man glauben, wenn man sensible und mitfühlende Gegenwartsmenschen mit raubeinigen streitbaren Haudegen aus früheren Zeiten vergleicht und den Beitrag des ökonomischen Fortschritts zur ethischen Entwicklung würdigt: „Die Philosophen und Menschenfreunde (sowie Vertreter der christlichen Kirche, d. V.) mögen viel Übles über den Handel sagen. Aber der Historiker wird feststellen, dass Handel das Grundprinzip der Freiheit ist, dass der Handel ... den Feudalismus zerstört hat, dass er für Frieden sorgt und den Frieden erhält. Der Handel ist eine Pflanze, die dort wächst, wo Frieden herrscht, sobald Frieden herrscht und solange Frieden herrscht" (Ralph Waldo Emerson, zitiert nach Walter und Rosenschon, (S. 88)).

Marktwirtschaft und Handel standen nicht nur der Friedfertigkeit von Menschen Taufpate. „Spontan im Markt erfunden wurden auch die Sitten und Gebräuche (Hayek 1978), die – ähnlich der Sprache – geeignet sind, die Kosten von Tausch und Arbeitsteilung zu senken: Ehrlichkeit, Vertrauenswürdigkeit, Wahrheitsliebe, Zuverlässigkeit, Pünktlichkeit bei Leistung und Bezahlung, Fairness gegenüber dem Partner. Für solche Verhaltensweisen gibt es hohe Prämien..." (Herbert Giersch 1986 a, (S. 14)).

Auch maximiert der Eigennutz (Non-Tuismus), wie er im Marktsystem vorherrscht, letztlich den

Spielraum für Altruismus. Das System ist also ein starkes Fundament, auf dem sich Wohltätigkeit entfalten kann: „In der Tat: je spitzer der Bleistift, mit dem hier gerechnet wird, umso mehr bleibt übrig für das, was – jetzt oder später - die Familie, die Sekte, die Kirche, die Caritas, die Dritte Welt, allgemein: die Nächsten- und Fernstenliebe, verlangen". (Herbert Giersch 1986 a, (S. 15)).

Freilich darf nicht übersehen werden, dass mit der Zivilisation und dem wachsenden Wohlstand teilweise eine Sinnentleerung und verminderte Gläubigkeit als Basis für ethische Grundwerte einhergegangen ist. In vielen hochentwickelten Ländern hat sich Oberflächlichkeit und Materialismus breit gemacht, was den Sinn für den Mitmenschen verkümmern lässt. „Der wissenschaftlich-technische-industrielle Fortschritt ist für viele im Europa der letzten beiden Jahrhunderte zum Gott geworden – und viele Inder haben deshalb mit Gandhi durchaus zurecht den europäisch-amerikanischen Materialismus gegeißelt, wo Lebensstandard weitgehend Ersatz für Lebenssinn geworden ist" (Küng und von Stietencron 1999, (S. 161)).

Daran ist aber – um es zu widerholen – nicht der Markt schuld. Vielmehr versagt die Religion, die dem Menschen Wertmaßstäbe und Lebenssinn vermitteln sollte. Bei allen segensreichen Wirkungen von materiellem Wohlstand muss man sehen, dass Ökonomie nicht alles ist. Die Menschen brauchen Markt und einen Anbieter von Moral – diese Rolle zu spielen, ist eine der ureigensten Aufgaben der Religion –, damit die gesamte Wertepalette befriedigt werden kann. Und natürlich braucht eine effiziente Markt- und Wettbewerbswirtschaft auch den Staat, der die Regeln setzt und jene komplementären Güter und Dienste anbietet, die der Markt nicht anbieten kann (öffentliche Güter wie z.B. Sicherheit nach innen und außen).

8.8.2 – Evolution von Natur und Kosmos – Teilhard de Chardin

Der Geologe und Paläontologe Teilhard de Chardin „hat das nicht genügend zu lobende Verdienst, als Erster Theologie und Naturwissenschaften genial zusammengedacht und Naturwissenschaftler und Theologen provokativ zur Besinnung auf die gemeinsame Problematik zusammengebracht zu haben. Ihm lag an der religiösen Bedeutung der Evolution und an der evolutionären Tragweite der Religion" (Küng 2008, (S. 115)).

„Die Natur erscheint diesem Denker, der unter starkem Einfluss der vitalistisch-spirituellen Philosophie Henri Bergsons (1859-1941) und seiner Vorstellung von der schöpferischen Evolution… steht, als riesiger Entwicklungsprozess, der, in Jahrmilliarden stufenweise sich vorwärtstastend, durch immer stärkere Komplexität und

Verinnerlichung der Materie der Erfüllung zureift. Gott ist für ihn nicht nur Ursprung und Ziel der Schöpfung. Er ist selber in Evolution, macht diese Evolution mit, von den Elementarteilchen und unermesslichen Weiten des Kosmos über die Biosphäre der Pflanzen- und Tierwelt bis in die Noosphäre des menschlichen Geistes.

In Teilhards Weltsicht ist auch der Mensch selbst noch nicht vollendet. Er ist ein werdendes Wesen: Die Menschwerdung, Anthropogenese, ist noch nicht abgeschlossen. Sie treibt zu auf… (den d.V) „Punkt Omega", wo das individuelle und das kollektive Abenteuer des Menschen Ende und Vollendung findet, wo Vollendung der Welt und Vollendung Gottes konvertieren" (Küng 2008, (S. 114 f.)).

8.8.3 – Evolution durch Steuerung von oben (Zu-Fall) statt durch blinden Zufall?

Im Folgenden werden die Ausführungen und die Kritik des christlichen Naturwissenschaftlers Wolfgang Kuhn aus dem Jahr 1985 dargestellt, die die katholische Kirche heute ins Internet gestellt hat. Im Anschluss wird seine Sichtweise kritisiert.

Der Naturforscher Charles Robert Darwin hat nach Kuhn den Versuch unternommen, die in der Realität stattfindende Entwicklung der Arten, die in der Entstehung des Menschen kulminiert, auf der Basis eines materialistisch-atheistischen Weltbildes zu erklären (Kuhn 1985/im Internet, S. 1).

Demnach wird eine von oben gelenkte Entwicklung abgelehnt und postuliert, diese sei vielmehr vom – blinden und planlosen – Zufall abhängig. Die Evolution gleicht nach Darwins Auffassung also einem ziellosen Herumstochern im stochastischen Nebel der Möglichkeiten, was man auch als „Urdummheit" bezeichnen kann (Kuhn 1985/im Internet, S. 4). Zwei Kräfte halten nach Darwin die Evolution in Gang: Das eine ist die Selektion. Demnach siegt im Kampf ums Dasein („struggle for life") der Stärkere und Geeignetere („the fittest"), er allein pflanzt sich fort und vererbt seine überlegenen Eigenschaften an die nächste Generation (Kuhn 1985/im Internet, S. 4). Das ist die sogenannte „Urbrutalität" in Darwins Weltbild. Die Mutation, die auf einem „Fehler" bei der Reproduktion des Genetischen Codes fußt, wird als zweite Kraft der Evolution betrachtet. Sie bringt das Element der Neuerung ins Spiel.

Nach Auffassung von Kuhn sollte man sich von Darwins Lehre von der „blinden" Evolution verabschieden. Zum einen sei die Selektion nur eine Tautologie – eine Gleichung also, die immer richtig ist – und keine wissenschaftliche Theorie, die empirisch widerlegt werden kann: „Zu einer entsprechenden Beurteilung kommt auch R. E. D. Clark. Er bezeichnet die natürliche Auslese oder Selektion der Geeignetsten als einen bloßen Gemeinplatz, der nichts anderes aussagt, als dass jene Organismen, die am besten zum Überleben geeignet waren, eben diejenigen seien, die überlebten. Darwin, so spöttelte er, machte allen Ernstes die banale Entdeckung, dass einzig und allein lebende Wesen die Eignung zum Leben besäßen! Arthur Koestler und Joachim Illies haben in neueren Veröffentlichungen wieder auf den Tautologie-Charakter der natürlichen Auslese hingewiesen. Aus der Sicht des Philosophen und Erkenntnistheoretikers hat Sir Karl Popper die Selektion der Tüchtigsten ebenfalls als Tautologie entlarvt, „denn sie definiert zunächst, dass Überlebende tüchtig sind und wundert sich dann, dass die Tüchtigen überleben""(Kuhn 1985/im Internet, S. 3).

Dies als Standpunkt Kuhns zur Selektion. Nun zur Mutation: „Nahezu alle bisher bekanntgewordenen Mutationen … verursachen Verkümmerungen und Verluste von Eigenschaften, bedingen keinesfalls irgendwelche neuen im Sinne von Neuerwerbungen. … Tatsächlich rufen mehr als 99 % (!) aller bekannten Mutationen Schädigungen bzw. Missbildungen hervor" (Kuhn 1985/im Internet, S. 4). (Eine der verschwindend geringen positiven Mutationen ist die Sichelzellenanämie, die in Malariagebieten gegen Malaria resistent macht). "Damit aber erweist sich die entscheidende Rolle der Mutation als einziger schöpferischer Faktor der gesamten Evolution als äußerst fragwürdig, ja unmöglich!" (Kuhn 1985/im Internet, S. 4). Hinzu kommt die empirische

Tatsache, dass keine Mutation die Artgrenze überschreitet, so dass sie die Vielfalt der Arten gar nicht erklären kann.

Die agnostische Sichtweise scheitert nach Auffassung Kuhns auch bei der Erklärung empirischer (Teil-) Ganzheiten des menschlichen Organismus. „Es hat schon seinen besonderen Grund, dass Darwin selbst einmal offen gestand, allein schon der bloße Gedanke an ein menschliches Auge versetze ihn in einen Fieberzustand! Das soll heißen, seine „so herrlich einfache" Theorie kann nicht erklären, wie eine derart hochkomplizierte Ganzheit sich allmählich aus weniger vollkommenen Vorstufen entwickelt". (Kuhn 1985/im Internet, S. 4). Nicht nur das Auge ist ein „Stolperstein des Darwinismus":

„Ob nun Auge, Ohr, Verdauungstrakt, Drüsen- oder Nervensystem, stets ist das Problem das gleiche: Die Wahrscheinlichkeit, dass derart sinnvoll durchorganisierte und funktionierende Ganzheiten zufällig entstanden sind, ist allein schon mathematisch derart gering, dass sie längst nicht mehr in noch vorstellbaren Zahlen ausgedrückt werden kann. So ist vergleichsweise die Wahrscheinlichkeit dafür, dass eine Katze, die auf den Tasten einer Schreibmaschine herumhüpft, dabei zufällig Goethes Faust schreibt (1. und 2. Teil!), nach M. Thürkauf sehr viel größer als die, dass allein durch Zufallsmutationen der hochkomplizierte Organismus einer Katze zustande kommt! Ein entsprechender Vergleich stammt von L. v. Bertalanffy. Es ist demnach immer noch viel wahrscheinlicher, dass während einer Explosion im Eisenwerk herumgewirbelte Metallteile zufällig so zusammenprallen, dass dabei ein fahrbereites Auto entsteht, als dass auch nur eine einzig lebende Zelle zufällig von selbst gebildet wird. Diese lebendige Zelle ist nicht nur komplizierter als das Auto, sondern vermag sich ja selbst zu reparieren, selbstständig fortzubewegen und zu vermehren"(Kuhn 1985/im Internet, S. 6).

„Eine Ganzheit – ob (Zelle, Mensch, d. V.)… Auto oder Computer – ist stets mehr und anderes als die Summe seiner Teile: Das Ergebnis einer Integration der gegenseitigen Zuordnung aller Teile nach einem Plan, auf ein bestimmtes Ziel hin orientiert. Ohne das Know-how, das Gewusst-wie, kurz: ohne Geist entsteht niemals eine echte Ganzheit. Ohne Plan und Ziel ist keine Evolution von einfachen zu höheren Formen, von geringerer zu größerer Mannigfaltigkeit möglich" (Kuhn 1985/im Internet, S. 6). Von oben geplanter Zu-Fall statt blinder Zufall erscheint Kuhn somit als wahrscheinlichere Alternative zur Erklärung der Evolution.

Dabei sollte man die Schöpfungsgeschichten, wie die im Vishnuismus, im Islam oder in der Bibel, modern interpretieren: „Die Bibel, vor allem der Schöpfungsbericht der Genesis, ist ja keineswegs ein Lehrbuch der Naturgeschichte, sondern der Heilsgeschichte! Ihre Darstellungsweise ist dem damaligen Weltbild und Weltverständnis angemessen, um den Menschen verständlich zu sein. Schon die Fragestellung „Schöpfung oder Entwicklung" ist falsch! Für Gott, bei dem Vergangenheit, Gegenwart und Zukunft in einem ewigen Jetzt zusammenfallen („Ich bin der ich bin"), kann es keinen Unterschied geben zwischen dem Augenblick der Schöpfung am Anfang und einer allmählichen Entwicklung auf sein Geheiß hin. Nur aus menschlicher Perspektive, unserer Gebundenheit an Raum und Zeit erscheint diese göttliche Schöpfung als ein Entfaltungsgeschehen über unvorstellbare Zeiträume hinweg... Gottes Schöpfung vollzieht sich in der Form einer grandiosen Evolution. Nicht die Tatsache der Evolution, sondern ihre rein materialistische Erklärung durch blinden Zufall und (urbrutale, d. V.) Auslese lässt sich nicht vereinen mit dem ... Schöpferglaube"(Kuhn 1985/im Internet, S. 8).

Dem materialistisch- atheistisches Weltbild sowie dem Denken in den Kategorien des Erb"materials" und der Stammbäume ist also nach Kuhn eine Absage zu erteilen. Stattdessen sollte bei der Evolution die Rolle Gottes, der als panentheistisch – also als weltimmanent und welttranszendent - gedacht wird, in den Focus gerückt werden.

Freilich: Kuhn vermischt hier Glaube und Wissenschaft, was man aber scharf trennen muss. Und er argumentiert wissenschaftsfeindlich. Der Schöpferglaube Kuhns lässt sich von Gläubigen nur individuell intuitiv-ganzheitlich erspüren. Ungläubigen oder Andersgläubigen, die Gott mit der Natur gleichsetzen (Pantheismus), kann man dies aber nicht wissenschaftlich beweisen. Und man kann auch deren Standpunkte nicht widerlegen.

Genauso gut könnten Andersdenkende eine Evolution behaupten, das lediglich der evolutionären Algorithmen – also der formalen Optimierungsregeln – bedarf und ohne weiteres Mitwirken einer göttlichen Steuerungszentrale auskommt, die interveniert. (Näheres dazu siehe Wikipedia, Evolutionary algorithm. Siehe auch Wikipedia, Genetic programming). Moderne Computerfreaks könnten fragen: Warum soll die blinde Evolution nicht doch irgendwann eine Ganzheit wie ein Auge hervorbringen, wenn man ihr nur ausreichend lange Zeit lässt?

Wir wissen seit mehr als 20 Jahren u.a. von Francis S. Collins, unter dessen Leitung in den neunziger Jahren das menschliche Erbgut entschlüsselt worden ist, dass Ganzheiten in einem evolutionären Prozess entstehen können: „Von …Wichtigkeit für die Zukunft von ID (Intelligent Design, d. V.) ist, dass es mittlerweile viele Beispiele für angeblich nicht reduzierbare

Komplexität gibt, die durchaus reduzierbar sind" (Collins 2012, (S. 154)). Es ist also nicht so, dass eine Ganzheit uno actu entstanden sein muss und dass das Wegdenken eines Elements den Zusammenbruch der Funktionsgesamtheit bedeutet, wie Kuhn das zu glauben schien. Er hat hierbei „das Unbekannte mit dem Unergründlichen oder das Ungelöste mit dem Unlösbaren vermischt" (Collins 2012, (S. 154)). Nach heutiger Sicht der Wissenschaft ist unzweifelhaft die Evolutionstheorie den alternativen Konzepten des Kreationismus und des Intelligent Design überlegen.

Was auch wichtig ist: Kuhn hat – neben der Mutation - wichtige schöpferische Kräfte der Evolution unter den Tisch fallen lassen, was vermutlich daran liegt, dass sein Artikel nicht der neueste ist. (Erscheinungstermin war 1985). Innovative Kraft ist zum einen die Kreuzung. Sie kann dabei sowohl innerhalb einer Art als auch über die Artgrenzen hinweg stattfinden. Zum anderen ist das Prinzip der Emergenz bei Kuhn nicht berücksichtigt. Das ist das Zusammenspiel der Elemente eines Systems, was völlig neue Systemeigenschaften und Strukturen hervorbringt, sogenannte „Fulgurationen", von denen bereits an anderen Stellen die Rede war.

Auch übersieht Kuhn, dass extreme statistische Unwahrscheinlichkeiten – sei es nun von positiven Mutationen oder bei der Entstehung von Ganzheiten - kein Einwand gegen die Richtigkeit einer wissenschaftlichen Theorie sein können. Man kann darin das Werk eines welttranszendenten und weltimmanenten Gottes sehen. Andere mögen wiederum behaupten, die blinde Evolution hatte ausreichend Zeit, um diesem unwahrscheinlichen Fall eine Chance zu geben. Letztlich können wir niemals wissen, ob, wann und wo die Natur oder ein panentheistischer Gott ihre Hand im Spiel hatten. Weder die Wissenschaft noch die Theologie sollte sich zur Schulmeisterin über die jeweils andere Disziplin machen. Beide Disziplinen sollten ihre Grenzen sehen und die Möglichkeit, in „BioLogos" ein Modell zu sehen, das Wissenschaft und Glauben in Einklang bringen kann (Collins 2012, S. 149 ff.).

Wissenschaft und Religion können sich „im Rahmen einer holistischen Gesamtsicht aller Dinge ergänzen:

- Religion kann die Evolution als Schöpfung interpretieren.

- Naturwissenschaftliche Erkenntnis kann Schöpfung als evolutorischen Prozess konkretisieren.

- Religion kann so dem Ganzen der Evolution einen Sinn zuschreiben, den die Naturwissenschaft von der Evolution nicht ablesen, bestenfalls vermuten kann" (Küng 2006, (S. 169)).

Küng glaubt also – wie Kuhn -, dass die „Schöpfung fortdauert. … Für unser heutiges

Verständnis ist nur so das Werden der Welt als weitergehender Prozess in der Zeit möglich, der das Entstehen neuer Strukturen nicht aus-, sondern einschließt. Schöpfung aus dem Nichts und fortdauernde Schöpfung müssen also als Einheit gesehen werden". (Küng 2008, (S. 140)).

Ehrfurcht vor der Schöpfung und mehr Bescheidenheit täte den modernen Wissenschaften mitunter gut. Dabei haben schon unsere Vorfahren Wissen entwickelt, das wir heute vermeintlich neu entdecken. Beispielsweise hat der Arzt Martin Schönberger bei der Lektüre des I-Ging - das ist das 5000 Jahre alte chinesische Buch der Wandlungen – festgestellt, dass dessen Aufbau dem des Genetischen Codes frappierend ähnelt. (Schönberger 2000).

8.8.4 – Trotz Fortschritts und Evolution: Die Realität – kein Heile-Welt-Szenario

Wenngleich es für manche Menschen Anlass für Gottvertrauen und Zukunftsoptimismus gibt, ist nicht zu leugnen, dass die Realität des Menschen kein Heile-Welt-Szenario ist. Die Menschen können auch böse und dumm und das Leben kann auch grausam sein. Es gilt in der Natur das Gesetz des Fressens und Gefressen Werdens. Und wer die Armut in Indien gesehen hat, der versteht, dass gerade dort die buddhistische Idee geboren wurde, wonach Leben Leiden ist. Ganz global gilt:

Während manche Menschen sich einer stabilen Gesundheit erfreuen und in Wohlstand oder gar Luxus hineingeboren sind, leben andere im Elend, sind von Geburt an verkrüppelt oder behindert und müssen sich ihr Essen erbetteln. Begabungen, Intelligenz, moralische Anlagen, menschliche Zuwendung, irdische Güter, gesellschaftliches Ansehen und Einfluss sind höchst ungleich auf die Menschen verteilt. Dies lässt viele Menschen daran zweifeln, ob es so etwas gibt wie Gerechtigkeit und einen Gott, der es gut mit den Menschen meint.

Neben den ungleichen Lebensschicksalen darf man auch vor den Gefahren der heutigen Zeit nicht die Augen verschließen, die apokalyptische Visionen auslösen können. So fürchten heute, wo die Gefahr eines großen Atomkriegs eher gesunken ist, viele Menschen „"kleine" Atomkriege zwischen nationalistisch fanatisierten Völkern oder ausgelöst von Terrorgruppen. Sie fürchten aber vor allem den Umweltkollaps, der unsere Erde ebenfalls zerstören könnte: Klimawandel, Überbevölkerung, Müllkatastrophe, Ozonloch, verdorbene Luft, vergiftete Böden, chemikalienverseuchte Gewässer und Wasserknappheit …

Apokalyptische Visionen, die durchaus Wirklichkeit werden können, wenn sich die Menschheit nicht energisch zu mehr Abwehr- und Reformmaßnahmen auf allen Gebieten – vom Klimaschutz bis zur Geburtenregelung – aufrafft. Doch gerade in der westlichen Führungsmacht USA steht bisher eine öko-soziale Umkehr noch aus. Vielmehr haben dort die verbrecherischen Großattentate muslimischer Fanatiker vom 11. September 2001 zu einem beispiellosen Boom der „christlichen" Endzeit-Literatur geführt" (Küng 2008, (S. 221f)).

Bei aller Fragwürdigkeit des realen Lebens gibt es aber eine Alternative zur nihilistischen Sicht der Dinge, das ist das Ja zur Wirklichkeit oder ein Grundvertrauen. In diesem Grund- oder Gottvertrauen – so der Theologe Hans Küng – „zeigt sich mir trotz der Nichtigkeit der Wirklichkeit:

- trotz aller Zwiespältigkeit eine verborgene Identität: die Wirklichkeit als „eine";

- trotz aller Sinnlosigkeit eine verborgene Sinnhaftigkeit: die Wirklichkeit als „wahre";

- trotz aller Wertlosigkeit eine verborgene Werthaftigkeit: die Wirklichkeit als „gute". (Küng 2010, (S. 494)).

Der Glaube ist ein stabiles Korsett, um die harte Realität abwettern zu können. Lassen wir Adam Smith zu Wort kommen: „Wenn wir so daran verzweifeln, auf Erden eine Gewalt zu finden, welche dem Triumphe der Ungerechtigkeit Einhalt tun kann, so rufen wir den Himmel an und hoffen, dass der große Urheber der Natur später selbst das ausführen werde, wozu er uns die Vorschriften für unser Betragen schon hier gegeben hat; dass er vervollständigen werde den Plan, den er uns hier beginnen hieß, und dass er uns in ein kommendes

Leben hinüberführen werde, wo jedem nach Maßgabe der Werke, welche er in dieser Welt vorgebildet hat, gelohnt werden wird. Und so sind wir dem Glauben an einen zukünftigen Zustand hingegeben, nicht nur durch die Schwächen, Hoffnungen und Befürchtungen der menschlichen Natur, sondern vermögens der edelsten und besten Prinzipien, die ihr eigentümlich sind, nämlich der Liebe zur Tugend und dem Abscheu vor Laster und Ungerechtigkeit" (Smith, zitiert nach Oncken, S. 319 f.)).

Der Mensch hat die Möglichkeit, die unvollkommene Welt durch Handeln im Sinne von Verantwortungsethik zu verbessern. Aber er hat auch die Freiheit, unmoralisch und selbstsüchtig zu handeln. Adam Smith philosophierte in seiner „Theorie der ethischen Gefühle": „Indem wir den Vorschriften unserer moralischen Fähigkeiten folgen, streben wir notwendig mit den wirkungsvollsten Mitteln auf die Zunahme der Glückseligkeit des Menschengeschlechtes hin und mögen deshalb in gewissem Sinne Mitarbeiter Gottes genannt werden, als Beförderer der Absicht der Vorsehung, soweit es in unseren Kräften steht. Wenn wir anders handeln, scheinen wir im Gegenteil die Richtschnur, welche der Urheber für Vollkommenheit und Glückseligkeit aufgestellt hat, zu durchkreuzen, und erklären uns, wenn ich so sagen darf, bis zu einem gewissen Grade zu

Feinden Gottes" (Smith, zitiert nach Oncken, (S. 319)).

8.9 – Die Rolle der Vorleben im hinduistischen Denken

8.9.1 - Indiens Lösung der Theodizee

„Warum trifft es den einen Menschen, dass er blind, taub oder verkrüppelt ist von Geburt an oder dass er sich, von den Mitmenschen gemieden, in einem leprakranken Körper quälen muss? Nach welchem Prinzip werden den einzelnen Wesen Glück oder Leid, Begabung oder Dummheit, Geburt in eine arme oder reiche Familie, in eine menschliche oder tierische Existenz zugeteilt?" (Küng, von Stietencron 1999, (S. 124)).

Indien hat eine simple Antwort dafür parat: Die indischen Religionsphilosophien erklären die Ungleichheit weder aus dem blinden Zufall heraus noch aus der göttlichen Vorsehung, sondern vielmehr kausal aus den Taten im Vorleben. Glück ist persönliches Verdienst früheren Handelns, Leid resultiert aus der eigenen Schuld von Geschöpfen her, deren Schöpfer ebenfalls Schwächen zugebilligt werden. Die Götter der Hindus sind eher menschlich und nicht vollkommen. Sie verlieben sich, sind eifersüchtig, geraten in Rage, machen Fehler. Sie langweilen sich und erschaffen die Welt und die unvollkommenen Menschen spielerisch.

Diese hinduistische Erklärung, warum die Welt vom Optimalzustand abweicht, bewirkt, dass Unvollkommenheiten, Leid, Defizite an Chancengleichheit und Diskriminierungen lethargisch als selbstverschuldet in Kauf genommen werden. Auf der anderen Seite werden Glück und Privilegien als fester – da im Vorleben wohlverdienter – Besitzstand betrachtet. Freilich gibt es auch einen positiven Verhaltensanreiz, weil man glaubt, durch „gutes" Handeln der alleinige Schmied seines künftigen Glücks zu sein und die Basis zu schaffen für eine bessere Wiedergeburt.

Doch: was heißt „gutes" Handeln? Ist dies das Handeln im Sinne eines als „richtig" empfundenen Rituals? Aus den Upanishaden, in denen die Idee des Geburtenkreislaufs verankert ist, geht nicht hervor, ob es sich hier um Handeln gemäß ritueller oder aber im Sinne ethischer Normen handelt, die das Karma und somit das nächste Leben prägen sollen (Schlensog 2006, (S. 126)).

Außerdem: Welche empirischen Anhaltspunkte sprechen für die Annahme eines Vorlebens? Woher sind sich zudem die Inder so sicher, dass beim irdischen Los nicht auch Vorsehung und blinder Zufall eine Rolle spielen? Wer oder was das irdische Los des Menschen letztlich bestimmt, das wissen wir nicht: „Es ist nicht möglich, das kausale Netzwerk so aufzuknüpfen, dass man sagen kann, Gott tat dies, ein Mensch jenes und die

Natur ein drittes" (John Polkinghorne, zitiert nach Küng 2008, (S. 177)).

8.9.2 – Kann die Seele wandern?

Die hinduistische Reinkarnationslehre versteht unter Seele eine feinstoffliche Substanz, die vom Körper unabhängig ist und die eine postmortale und pränatale Eigenexistenz hat.

Es ist zu fragen, wie diese Vorstellung mit unserem modernen naturwissenschaftlichen Weltbild zusammenpasst. Diese Vorstellung von einer isolierten Seele oder Psyche „entspricht weder unseren Erfahrungen noch den Ergebnissen moderner Medizin, Physiologie und Psychologie, die heute im allgemeinen von der psychosomatischen Einheit des Menschen ausgehen" (Küng, von Stietencron 1999, (S. 155)).

Die Ergebnisse der modernen Wissenschaft vom Menschen sind zusammengefasst:

- „Es ist weder die Seele noch nur das Gehirn, sondern der eine ganze Mensch, der atmet, erlebt, empfindet, denkt, will, leidet, handelt: das „Ich", eine „Person".

- Leib und Psyche, Gehirn und Geist sind also immer gleichzeitig gegeben und bilden – Psychologen und Mediziner legen darauf heute in Theorie und Praxis großes Gewicht – eine psycho-somatische Einheit.

- Körperliches und Psychisches sind demnach nie – nicht einmal im Traum – isoliert zu haben.

- Viele körperliche und psychische Eigenschaften (oder zumindest Dispositionen) werden, an die elterlichen Chromosomen gebunden, jedem Individuum schon in die Wiege mitgegeben.

- Jedem Bewusstseinszustand liegt von daher ein psychophysischer Prozess zugrunde: keine geistige Tätigkeit ohne eine neuronale Substanz" (Küng 2008, (S. 190 f.)).

Freilich folgt aus dem Gesagten nicht, dass unser geistig-emotionales Erleben ein reiner Sekundäreffekt der Gehirntätigkeit ist. Wir müssen uns trotz aller Fortschritte die Grenzen der Gehirnforschung vor Augen führen: „Die Neurobiologie erfasst am Gehirn nur, was messbar und experimentell verifizierbar ist. Doch in dieser hirnphysiologischen Perspektive kann die menschliche Gefühlswelt, können Freiheit, Wille, Liebe, kann das Bewusstsein, das Ich, das Selbst, nicht adäquat beschrieben werden" (Küng 2008, (S. 2009)).

Es gibt vor allem aus Indien Berichte von Personen, darunter Kinder, über ihr Vorleben. Buddha soll angeblich 100 000 Vorleben gehabt haben (andere Quellen sprechen von 550). „Rebirthing-Techniken, Reisen ins Unterbewusstsein durch Trance und andere Psychotechniken, empirische Studien und Forschungsarbeiten wollen den „wissenschaftlichen" Beweis für die Wiedergeburtslehre liefern, wollen Reinkarnationserlebnisse belegen und frühere Existenzen bezeugen. Freilich ein solcher zwingender „wissenschaftlicher Beweis" steht bislang noch aus und ist wohl auch nie zu liefern" (Schlensog 2006, (S. 405)). „Keiner dieser Berichte.... selbst von Yogins ist anerkannt"(Küng und von Stietencron, 1999, (S. 156)) Fazit: Der Glaube an die Seelenwanderung lässt sich empirisch weder erhärten noch widerlegen.

Der hinduistischen These der Seelenwanderung und der schier endlosen Wiederholung von Leben steht die jüdisch-christliche Gegenthese von dessen Einmaligkeit gegenüber. Hier muss der Mensch am Ende Rechenschaft ablegen. „So und nur so bekommt die unwiederholbare Geschichte ihren Ernst als Raum der Bewährung des einzelnen Menschen vor Gott" (Küng und von Stietencron, 1999, (S. 153)).

8.9.3 – Moral und Wiedergeburt – Die Denkweise der Jains

Aus der Sicht der Jains ist das Leben für jenen Menschen endlich, der sich an den strengen Moralkodex hält. Die drei moralischen Grundprinzipien der Jains sind Gewaltlosigkeit gegenüber allen Lebewesen, Unabhängigkeit von unnötigem Besitz und Wahrhaftigkeit. Die Verknüpfung zwischen dem Kreislauf der Wiedergeburten mit dem ethischen System kann man letztlich begreifen als irdischen Evolutionsprozess auf dem Wege zu ethischer Vollkommenheit, die schließlich in das Brahman einmündet. Man kann das System als Synthese aus der westlichen Sicht von der Endlichkeit des Lebens und der Wichtigkeit der Ethik für die Erlösung und der östlichen Sicht von der endlosen Wiederholung von Leben sehen. Hingegen sind für die Erlösungsphilosophien der Hindus nicht die Ethik, sondern das Fehlen von Karma Voraussetzung dafür, um ins höchste Glück einzutauchen.

8.9.4 – Lässt sich der Bumerang-Effekt des Karmas empirisch nachweisen?

Empirisch bestätigen oder falsifizieren lässt sich der Bumerang-Effekt des Karmas nur für unser jetziges Leben. Abhängigkeiten zwischen persönlichen Taten und individuellem Wohlbefinden, die das jetzige Leben übergreifen, sind reine Spekulation. Für unser jetziges Leben hat es aber - nicht immer, aber mitunter - den Augenschein, dass Unmoralisten ungestraft schalten und walten können und nicht vom Fluch der bösen Tat eingeholt werden. Auch empfängt der Gute nicht stets einen sichtbaren Lohn für seine Tugend.

Freilich: Wir können nicht hinter die Kulissen sehen, und wir können nur mutmaßen, was in anderen Menschen vor sich geht. Vor allem wissen wir nicht, ob es Gott gibt und ob er in diesem

Leben wie danach Gerechtigkeit herstellt. Nimmt er den Moralisten zu sich, nicht aber den Sünder?

Was wir wissen, ist, dass wir durch unser Handeln auf die uns umgebenden Netzwerke einwirken. Die Menschen sind nicht nur in diverse soziale und ökonomische Netzwerke eingebunden wie die Familie, den Freundeskreis, den Betrieb oder gar die arbeitsteilige Weltwirtschaft. Sie sind auch in technische Netzwerke integriert, werden mit Wasser und Strom versorgt oder kommunizieren über Handys und Computer miteinander. Auch das ökonomisch-ökologische Gesamtsystem fußt auf Netzwerken. Doch das ist längst nicht alles an Netzen, mit denen der Mensch zu tun hat.

Ganz allgemein ist der Mensch in den Ganzheitszusammenhang des Universums eingebettet, in dem alles mit allem wechselwirkt. Das hat die moderne Naturwissenschaft gezeigt. Wir beeinflussen das Gesamtsystem durch all unser Denken und Agieren. Und die Effekte, die wir auslösen, wirken zwangsläufig auf uns zurück.

Dass man vielleicht schon in diesem Leben auf seinen Herrn und Meister stoßen wird, sieht man schon daran, dass über die Zwischenschaltung von maximal 6 Kontaktpersonen jeder Mensch auf diesem Globus mit allen anderen 7 Milliarden Menschen vernetzt ist. Eine Sünde löst nicht nur Rache des unmittelbar Betroffenen aus, sondern spricht sich auch herum und verletzt die ethischen

Gefühle anderer, die nach Vergeltung rufen. Nur wie und wann?

8.9.5 – Karma, nichts als Karma? Oder: Gesetz und Zufall?

Man kann nicht – wie die Hindus und Buddhisten glauben – von einem „Naturgesetz des Karmas" in dem Sinne sprechen, dass Handlungen in einem von Menschen durchschaubaren Räderwerk wirken und das Geschehen ausschließlich einem materialistischen Mechanismus unterliegt. Der Mensch kann Rückkopplungseffekte nur pauschal konstatieren, nicht prognostizieren. Man kann den Menschen nicht im Universalzusammenhang modellieren, weil die Variablen schier unendlich sind. Und selbst wenn diese modellierbar wären, könnte der Mensch die Rückkopplungen nicht prognostizieren, weil chaostheoretische Prozesse oder Zufallssteuerung im Spiel sind.

„Es gibt Gesetz und Zufall (Zu-Fall? d. V.), Struktur und Neuheit. Es zeigt sich hier dieselbe Problematik wie in der Quantenmechanik: Eine Unbestimmtheit, Unschärfe, Zufälligkeit in den Einzelprozessen! ... Schon der griechische Philosoph und Atomist Demokrit (Ca. 470 – 380) hatte geschrieben: „Alles was im Weltall existiert, ist Frucht von Zufall und Notwendigkeit"" (Küng 2008, (S. 159)).

Nicht der Mensch hat das Spiel erfunden, sondern die Realität oder der natürliche Lauf der Dinge ist ein gigantisches Wechselspiel zwischen Gesetz und Zufall, hinter dem vom Menschen undurchschaubare Gesetze stehen mögen. „Wissenschaftler geben heute aber auch zu, dass naturwissenschaftliches Erkennen nur eine bestimmte Schicht der Wirklichkeit von Welt und Mensch erreicht und die Wirklichkeit Gottes aus sich heraus weder bejahen noch verneinen kann. Wer sich aber (auch als Wissenschaftler) im Glauben auf diese Wirklichkeit einlässt, kann erkennen, dass im Spiel der Natur- und Geschichtskräfte die Wirklichkeit Gottes im Spiel ist.

… Das ganz große Spiel ist Gottes Spiel mit und um die Welt, mit und um den Menschen, das er selbst in Gang gebracht hat und für das er von vornherein nichts als die Regeln festgelegt hat: Die Welt soll, ohne mit Gott ihr Spiel zu treiben, doch von ihm gehalten und durchwaltet, ihr eigenes Spiel in Zufall und Notwendigkeit spielen dürfen, der Mensch aber nicht Gottes Spielzeug, sondern freier Spielpartner sein" (Küng und von Stietencron 1999, (S. 121)).

Dass der Mensch nach Jean-Paul Sartre trotz vielfältiger Umwelteinflüsse und genetischer Prägung in Grenzen frei ist, wird heute auch nicht mehr durch führende Neurobiologen bestritten: Der Hirnphysiologe Benjamin Libet schlussfolgert zumindest, „dass die Existenz eines freien Willens eine genauso gute, wenn nicht bessere wissenschaftliche Option ist als ihre Leugnung durch die deterministische Theorie" (Libet, zitiert nach Küng 2008, (S.203)).

Es gibt moderne Wissenschaftler, die in den zufallsabhängigen Chaosphänomenen sowie in der subatomaren Unbestimmtheit Ausdruck des Wirken Gottes sehen. Jedenfalls schließt ein naturwissenschaftlicher Befund des Zufalls das Wirken Gottes als Lenker der Welt nicht aus (Küng 2008, (S. 162))

8.9.6 – Fehlsteuerungen infolge der Karma-Kasten-Philosophie

Fragwürdig am Hinduismus ist die Verschränkung zwischen Karma und Kasten. Diese Verbindung zwischen Vollzug des Kastenrituals und der Kaste, in die der Hindu in seinem späteren Leben angeblich hineingeboren wird, setzt keine Leistungsanreize, sondern ist diesen sogar abträglich. Hindus können die Kaste, in die sie hineingeboren werden, zeitlebens nicht verlassen. Wenn sie die Kastenrituale einhalten, häufen sie nach hinduistischer Ansicht positives Karma an. Dadurch können sie erst im nächsten Leben in eine höhere Kaste vorrücken und auf verbesserte wirtschaftliche Perspektiven hoffen. Für den frommen Hindu niederer Kaste gilt der Schlusssatz aus dem kommunistischen Manifest (Weber 1916-1920/

1998, (S. 88)). „Sie (die Proletarier) haben nichts zu verlieren als ihre Ketten".

Die Inder niederer Kasten sind extrem leidensbereit und es gibt keine Anreize, das wirtschaftliche Los heute und jetzt durch revolutionäre Ideen, die Kastenschranken sprengen, zu verbessern. Lassen wir Max Weber zu Wort kommen: „Umsturzgedanken oder das Streben nach „Fortschritt" waren auf diesem Boden undenkbar, so lange und soweit die Karma-Lehre unerschüttert blieb. Gerade für die niederen Kasten, die durch rituelle Kasten-Korrektheit das meiste zu gewinnen hatten, war die Versuchung zu Neuerungen am geringsten, und ihr noch heute oft besonders strenges Festhalten an der Tradition erklärt sich auch aus der Größe der Verheißungen, die gerade durch sie durch eine Abweichung von ihr bedroht wurden. Auf dem Boden dieses an der Karmalehre verankerten Kastenritualismus war eine Brechung des Traditionalismus durch Rationalisierung in der Wirtschaft eine Unmöglichkeit" (Weber 1916-1920/1998, S. 88 f.)). Das Kastensystem lähmt somit Tatkraft und Neuerungen und konserviert eine verkrustete Berufs- und Wirtschaftsstruktur.

Der Glaube an Karma als Sanktionen im nächsten Leben fördert wohl auch nur bedingt verantwortliche und altruistische Taten, wo rituelle „Werkgerechtigkeit" im Zentrum steht. Dem hinduistischen Denken sind ethische Leitwerte, wie allgemeine Nächstenliebe und allgemeines Mitleid, wie dies das Christentum propagiert, systemfremd. Mitgefühl und Hilfsbereitschaft wird nur innerhalb der Familie und der Unterkaste (Jati) gezeigt, nicht gegenüber hilfsbedürftigen Dritten. Für diese ist die eigene Familie oder Unterkaste zuständig. So mancher Europäer schüttelt erstaunt den Kopf, wird er Augenzeuge eines Unfalls, bei dem kein Inder dem Verletzten hilft. Auch die Tatsache, dass in der Sterbeklinik, die die albanische Nonne Mutter Theresa in Kalkutta errichtet hat, nur Ausländer mitarbeiten (Näheres bei Siebert 2005, (S. 30)), zeigt das zwiespältige Verhältnis der Inder zur Nächstenliebe.

Die Hartherzigkeit vieler Inder gegenüber Notlagen, die zum Himmel schreien, wie etwa gegenüber dem Los der Leprakranken an den Ghats von Varanasi, hat seine Wurzel jedoch nicht nur im Fehlen von christlichen Grundwerten, sondern auch und gerade in der Karmalehre. Denn das menschliche Elend wird nicht als Schicksal betrachtet, sondern erscheint „hausgemacht": nämlich als Strafe für ein „schlechtes" Vorleben.

Es tut Not, dass Hindus christliche Grundwerte und die Kategorien des von oben aufgebürdeten sowie des fremdverschuldeten Leids in ihr Denken einbeziehen, wie dies bei der Karmalehre im Buddhismus bereits ausführlich erörtert worden ist. Und es tut auch Not, den Glauben zu verbreiten, dass es von gutem Karma zeugt, wenn der

Einzelne in diesem Leben wirtschaftlich erfolgreich ist.

8.10 – Hinduismus und Ethik

8.10.1 - Hindu-Denken - jenseits von Gut und Böse?

Eine krasse Polarität von Gut und Böse, wie sie der Westen kennt, ist den Indern fremd. Zu einem Teil liegt das auch an den extremen Umwelteinflüssen: „Der Mensch macht in diesem Klima die Erfahrung, dass Leben spenden und Leben vernichten unmittelbar beieinander liegen, dass sie zwei Seiten der gleichen Münze sind" (Küng und von Stietencron 1999, (S. 86)).

„Der Sonnengott beispielsweise ist ein Freund und Schützer der Menschen. Er bringt Licht und Leben, er vertreibt die Finsternis und die in ihr unsichtbar drohenden Gefahren. ... Trotzdem ist die Sonne nicht nur wohlwollend. In den Monaten April, Mai und Juni quält sie mit sengenden Strahlen das Land. Ihre Hitze wird unerträglich. Die Pflanzen verdorren, Menschen und Tiere verdursten. ... Bricht dann endlich der Monsunregen aus und erlöst die schmachtende Erde, dann grünt und blüht das Land innerhalb von wenigen Tagen. ... Doch auch der Monsun hat seine Tücken. So sehnlich erwartet und lebensrettend er ist, so gefährlich ist er auch."(Küng und von Stietencron 1999, (S. 85)).

Die Inder denken somit weniger in den polaren Kategorien von Gut und Böse, sondern von Kräften, die harmonisch im Gleichgewicht sind oder nicht, wenn welche Überhand gewinnen und andere dominieren.

Ferner relativiert das indische Endziel – nämlich aus dem endlosen Geburtenkreislauf auszuscheiden - den Wert der Tugend, verbessert sie doch nur die Chancen für das nächste Leben. Erlösung winkt dagegen jenem, der überhaupt kein Karma – auch kein gutes – anhäuft und der sich von irdischen Bindungen völlig frei macht. In einer solchen lebensverneinenden Religionsphilosophie hat natürlich Ethik nicht den Stellenwert wie in einem System, in dem das diesseitige Leben als einmalig und als moralische Bewährungsprobe betrachtet wird.

Die dritte Ursache dafür, dass Menschenrechte und das Denken in den Kategorien von Gut und Böse in Indien nicht wurzeln konnten, ist das nach Kasten unterschiedene Dharma. „Denn es gab schlechthin eben keinerlei „natürliche" Gleichheit der Menschen vor irgendeiner Instanz, am allerwenigsten vor irgendeinem überweltlichen „Gott". Dies ist die negative Seite der Sache. ... Sie schloss die Entstehung sozialkritischer und im naturrechtlichen Sinn „rationalistischer" Spekulationen und Abstraktionen vollständig und für immer aus und hinderte das Entstehen irgendwelcher „Menschenrechte" (Weber 1916-1920/1998, (S. 103)). Zu sakrosankt war der Status der Priester, als dass es im Hinduismus „Recht als Einschränkung von Brahmanen- und Herrschermacht, als Anspruch von unten nach oben oder als für alle gleichermaßen gültiges Prinzip" hätte geben können. (Weede 2000, (S. 191)).

„Die Konzeption des radikal „Bösen" war in dieser Weltordnung überhaupt nicht möglich (- so war Diebstahl im Sinne des Dharmas einer Kaste von Dieben, d. V.-), denn eine „Sünde schlechthin" konnte es ja nicht geben. Sondern immer nur einen rituellen Verstoß gegen das konkrete, durch Kastenzugehörigkeit bedingte Dharma" (Weber 1916-1920/1998, (S. 103)). Ob eine Handlung als „richtig" oder „falsch" bewertet wird, hängt daher auch nicht von der positiven oder negativen Wirkung auf Dritte ab, sondern von der postulierten Wirkung auf den Handelnden (Schlensog 2006, (S. 409)), die wiederum von Kaste, Geschlecht, Alter und Familie abhängt. „Das Problem einer politischen Ethik hat die indische Theorie nie beschäftigt und, in Ermangelung einer Universalethik und eines Naturrechts, auch nicht beschäftigen können" (Weber 1916-1920/1998, (S. 104)).

Eine Ausnahme stellt – neben dem Christentum in Indien - die Philosophie der aus Persien eingewanderten schmalen Volksgruppe der Parsen dar, die in Mumbai (Bombay) lebt und wirtschaftlich außergewöhnlich erfolgreich ist. Sie fasst „die Welt als Kampfplatz zwischen Gut und

Böse auf und den Menschen als Instrument zur Durchsetzung des göttlichen Willens. Der Mensch ist (demnach, d. V.) zur Parteinahme für das Gute verpflichtet und soll sich in der Welt bewähren" (Weede 2000, (S. 196)).

Indien hat zwar eine Verfassung, die Gleichberechtigung verspricht und Diskriminierung verbietet. Aber an die Verfassung hält sich niemand, solange der falsche Glaube vorherrscht, ein kastenspezifisches Hindu-Dharma sei gottgewollt. Es wird ein langer und steiniger Weg für die verantwortliche Intelligenz sein, um diesen Glauben zu zerstören.

Nicht nur das gespaltene Verhältnis der Inder zu allgemeinen Regeln der Ethik und der Menschenrechte, sondern auch der Wust an Verwaltungsnormen ist ein für Indien typisches Problem. Die Frage scheint berechtigt zu sein, inwieweit das gruppenspezifische Denken in Indien ein Übermaß an bürokratischen Regeln nach sich gezogen hat. Das bürokratische Dickicht in Indien ist Legende und erschwert das Wirtschaften. Zudem schreckt es Ausländer ab, sich in Indien zu engagieren. Freilich ist auch bedeutsam, dass die britischen Kolonialherren eine besonders wasserdichte und penible Bürokratie errichtet haben, um das riesige Reich bevormunden und beherrschen zu können. Auch von diesen Fesseln der Vergangenheit muss sich Indien befreien.

8.10.2 – Wo spielt im Hinduismus Ethik eine Rolle?

Das Fehlen einer krassen Polarität von Gut und Böse und das Vorherrschen kastenspezifischer Regeln bedeuten nicht, dass bei den Hindus allgemeine Ethik keine Rolle spielt. Schon in den Upanishaden war ein Katalog an allgemein gültigen sozialen und individuellen Tugenden verankert. „Als soziale Tugenden gelten allgemein Mildtätigkeit ..., Rechtschaffenheit ..., Nichtverletzen ..., Wahrhaftigkeit, während zur Selbstvervollkommnung besonders Askese..., Durchführen der Opfer... und Veda-Studium... gefordert werden (Schlensog 2006, (S. 137)).

Im 2. Jh. v. Chr. hat Patanjali – das ist der Begründer der Philosophie des Yogas – fünf Elemente für ein Grundethos formuliert: nämlich Gewaltlosigkeit (nicht verletzen), Wahrhaftigkeit, nicht stehlen, Keuschheit (reiner Lebenswandel), Begierdelosigkeit (nicht besitzen) (Küng 2005, (S.143)).

Die Dharmasastras – eine Art Ethiklehrbuch - enthalten auch einen für alle Hindus verbindlichen Tugendkatalog, der das menschliche Zusammenleben harmonisieren soll. Dieser enthält: „Zufriedenheit, Nachsichtigkeit, Selbstkontrolle, Enthaltung von der unrechtmäßigen Aneignung von Dingen, (Gehorsam gegenüber den Vorschriften der) Reinheit, Zügelung der Sinne, Weisheit, Wissen (der höchsten Seele), Wahrhaftigkeit und die Enthaltung von Zorn" (Schlensog 2006, (S. 281)).

Sittlich orientiert ist ferner die Bhagavad Gita aus dem Epos Mahabharata (3. Jh. v. Chr.). „Sie vertritt ein ausgesprochen weltliches Ethos: Keine „Ethik" im Sinne eines ethischen Systems, wohl aber ein „Ethos" im Sinne einer sittlichen Haltung. Dabei werden nicht etwa Askese und mönchische Weltentsagung gefordert, um sich aus dem Geburtenkreislauf zu befreien. Vielmehr eine Aktivität, die mit Weltdistanz verbunden ist und die weithin auch ein Jude, Christ oder Muslim, Buddhist oder Konfuzianer bejahen könnte: Erfülle Deine Pflicht in der Welt, aber verfalle ihr nicht! Ein Engagement also ohne Süchtigkeit und Besessenheit"(Küng 2005, (S. 144)).

Ferner ist es natürlich auch so, dass in der überschaubaren Gruppe des Familienclans und der nach Kasten geordneten Nachbarschaften ungeschriebene ethische Normen gültig sind und so etwas wie reziproker Altruismus vorherrscht. Im vertrauten Kreis verhalten sich Inder auch nicht anders als andere Menschen dieser Erde. Hier ist Platz für Nächstenliebe, Mitgefühl und Hilfsbereitschaft, natürlich auch für Eifersucht, Neid und Missgunst.

8.11 – Exkurs: Vom höheren Sinn

8.11.1 - Was könnte der Sinn des Leids, der Ungerechtigkeit und des Bösen auf Erden sein?

Warum gibt es auf Erden Übel? Für Atheisten ist die Antwort einfach die, dass es keinen Gott gibt. Für Hinduisten ist sie es auch, wie wir gesehen haben. Die Hinduisten machen es sich bei der Erklärung des Leids ebenso einfach, weil sie ausschließlich auf die Selbstverantwortlichkeit des Menschen verweisen. Und ihre Götter haben Schwächen, genauso wie die Menschen. Doch im Westen fragt man sich: Ist es überhaupt möglich, an einen allmächtigen und wohlwollenden Gott zu glauben, der Leid aufbürdet? Warum lässt er das Böse und die Ungerechtigkeit in der Welt zu?

Schwächen, Schicksalsschläge, Leid, Handicaps, Ungleichheit der Ausgangsbedingungen, Wettbewerbsnachteile, Privilegien und Diskriminierungen, Unmoral, Verbrechen, lassen in einem statischen Weltbild an einem gütigen allmächtigen Gott zweifeln: Entweder er hat die Welt so schlecht gewollt; dann ist er nicht gut. Oder er hat die Welt nicht so gewollt; dann ist er nicht allmächtig. So stellt sich die Alternative auf den ersten Blick da – zumindest, wenn man ein statisches Weltbild zugrundelegt.

Doch können diese Übel durchaus einen höheren Sinn machen, wenn man die Welt als evolutorisches Lernsystem oder laufende Schöpfung bei völliger Gewissens- und Handlungsfreiheit der Menschen begreift. Braucht man das vom österreichischen Ökonomen Alois Schumpeter geprägte Denkkonstrukt der „schöpferischen Zerstörung" (des Übels) in einer dynamischen Welt, um den Übeln die Sinnhaftigkeit abgewinnen zu können? Bereits in der Kosmologie der Inder taucht der Gedanke auf, dass der Zerstörung der schlechten Welt durch Shiva eine neue und bessere folgt.

Suboptimalität ist in einem solchen ökonomischen Konzept der Motor, der hinter einer aufwärts gerichteten Entwicklung steht. Wir entwickeln Tatkraft und neue Ideen, um Leid, Ungerechtigkeit und das Böse – also Unvollkommenheiten - zu überwinden und Aggressoren zu überlisten. Wir entdecken unsere Moral, empfinden Mitleid und leisten Hilfe, wenn wir andere leiden sehen. Wir erkennen, wie es sein sollte, wenn wir mit dem Bösen konfrontiert werden. Wir erkennen die Dignität der Normen also erst im lebendigen Vollzug.

Als der Mensch das Feuer entdeckte und begann Werkzeuge zu entwickeln, war er ein schwaches, leidendes und gejagtes Wesen, das die widrigen Umstände kreativ zu überspringen lernte. Nicht immer setzt sich Darwins Stärkerer unbarmherzig und unwiderruflich durch. Durchsetzen tut sich oft der relativ Schwache, der kleine „freche newcomer", der die „claims" der Etablierten, die überheblich und träge geworden sind, infrage stellt. Diejenigen, die auf der Schattenseite des Lebens zur Welt gekommen sind, können also gigantische Aufholchancen haben, wenn man in ihre Ausbildung investiert.

Vergleicht man das Leid, das in früheren Gesellschaften herrschte – man denke etwa an Pestepidemien oder nur an vorsintflutliche Methoden der Zahnbehandlung –, mit der Situation heute, so ist das Leben deutlich humaner geworden. Während in der Frühgeschichte der Menschheit eine Behinderung einem Todesurteil gleichkam, gibt es heute von Autos für Behinderte bis hin zu Körperersatzstücken fast alles, was man sich vorstellen kann. Während früher das tägliche Leben ständig durch Aggressoren bedroht war – man denke nur an die plündernden und mordenden mongolischen Reiterscharen –, herrscht heute in weiten Teilen der Erde Friede. Während unsere Vorväter im Namen der Kirche Kreuzzüge – auch von Kindern – ins Heilige Land schickten, und Inquisitionsgerichte an der Tagesordnung waren, ist die religiöse Kriminalität heute auf Extremisten beschränkt, die Unschuldige in die Luft sprengen und heilige Bücher verbrennen. Für die gigantischen Fortschritte in der Verbrechensbekämpfung sprechen das Aufspüren von Osama bin Laden ebenso wie elektronische Fußfesseln und moderne DNA-Analysen.

Die Gesellschaft insgesamt reift fraglos am Leid Einzelner. Gleichwohl ist es nicht immer für den Einzelnen so, dass Leid nur dazu da ist, um überwunden zu werden. Ein Leprakranker an den Ghats von Varanasi hat wohl kaum die Chance, seinem irdischen Los als Bettler zu entkommen. Dem Gläubigen drängt sich hier die Frage auf, ob Schicksalsschläge damit verknüpft sind, dass Gott die Menschen für das unverschuldete Leid in der Gegenwart in Zukunft mehr als entschädigt. Mancher droht an der Frage zu zerbrechen, warum ein geliebter Mensch schon in relativ frühen Jahren von ihm gehen musste? Vielleicht hat Gott den Menschen, mit dem man sich spirituell verbunden fühlt, in diese oder eine andere Welt abberufen, weil er ein höheres Ziel mit ihm verfolgt - dies könnte ein Hinduist fragen. Wiedergeburten zum Zwecke der spirituellen Weiterentwicklung – dies hat der indische Philosoph und Hindu-Mystiker Sri Aurobindo geglaubt.

Kurzum: Übel auf Erden könnte als ein integrales Element eines Evolutions- oder Lernprozesses oder einer schöpferischen Zerstörung unter Gottes Mitwirkung sein.

8.11.2 – Wie sich Gottes Wirken denken?

Für den gläubigen Menschen ist Gott in der Schöpfung allgegenwärtig. Wie wir aus der Quantenphysik wissen, ist im Universum jedes Teilchen mit jedem verknüpft. Darin sehen Gläubige eine Manifestation von Gottes Wirken. Spiralnebel oder Quasare in den Tiefen des Alls erscheinen ebenso als ein Wunder wie die aus dem Nichts neu auftauchenden atomare Teilchen in der Mikrowelt. Auch an chaostheoretischen Prozessen lässt sich die Hand Gottes festmachen – zwar nicht in der Wissenschaft, aber im Glauben.

Gott wirkt durch die Naturgesetze und die Zufälle. Man kann das eigene Leben sowie das der Mitmenschen als eine unergründbare Aneinanderreihung von Zufällen betrachten. Dies gilt bei einem tieferen Blick hinter die Kulissen auch für das, was prima facie als vom Individuum „geplant" erscheint.

Nach Küng ist Gott überall präsent, auch in seinen Geschöpfen. „Er wirkt nicht erhaben über dem Weltprozess, sondern im leidvollen Weltprozess: in, mit und unter den Menschen und Dingen. Er selbst ist Ursprung, Mitte und Ziel des Weltprozesses. Gottes Geist wirkt nicht nur an einzelnen wichtigen Punkten und Lücken des Weltprozesses. Vielmehr wirkt er ständig als schöpferischer und vollendeter Urhalt im System von Gesetz und Zufall und so als weltimmanent-weltüberlegener Lenker der Welt – allgegenwärtig auch im Zufall und Unfall – unter voller Respektierung der Naturgesetze, deren Ursprung er selber ist" (Küng, 2008, (S. 176)).

Nicht nur der Hinduismus kennt die Inkarnationen Vishnus, wie etwa die beiden Heilandsfiguren Rama und Krishna und Gurus oder weise Männer wie Bhagwan (Osho) oder den erst jüngst verstorbenen Sai Baba, in dem viele Hindus eine Inkarnation Shivas sahen. Auch die Tibeter hielten in ihrer Geschichte immer wieder nach Reinkarnationen ihrer Dalai Lamas Ausschau, und die Buddhisten ganz allgemein vergötterten Buddha ebenso wie die Christen den historischen Jesus. Ferner sehen die Muslime in Mohammed – dem letzten Propheten der Weltreligionen – gleichsam ein menschliches Sprachrohr Gottes. Die Geschichtsbücher sind voll von weiteren Menschen, die die Welt bewegten und die Evolution voranbrachten – von Alexander dem Großen bis Zarathustra.

Aus der Sicht gläubiger Menschen steht Gott mitten im Weltgeschehen – sei es, dass er sich inkarniert – wie die Hindus glauben - , sei es, dass er das Leben und Denken seiner Geschöpfe beeinflusst, dass er sie also immateriell mit seinem Geist durchströmt - wie man das mit einem modernen Gottesbild sehen kann. Gemeint ist letztlich dasselbe. Gott kann sich im Menschen und in der Welt spiegeln. Gott kann in uns sein, er ist also nicht nur das All-Eine oder der Urgrund. Sondern er ist gleicherhands Vielfalt oder schöpferisches Prinzip in der Welt. Gott ist in der Welt.

Die Zufälle des Lebens erscheinen dem Gläubigen letztlich als Zu-Fälle. Man muss nämlich differenzieren, „ob irgendein Geschehen wirklich einen Zufall an sich oder lediglich einen Zufall für uns darstellt, ob es also aufgrund unserer mangelnden Kenntnis aller Zusammenhänge in Wirklichkeit nur als Zufall erscheint. Jedenfalls ist die Verklammerung zweier angeblich voneinander unabhängiger Kausalketten, deren Überschneidung als Zufall bezeichnet wird (Monod), durch eine dritte, uns unbekannte, nicht mit Sicherheit auszuschließen. Aus all dem wird verständlich, warum der Philosoph David Hume den Zufall ein „Wort ohne Bedeutung" nannte" (Kuhn 1985, (S. 4)).

Die – einmalige oder wiederholte – Lebensgeschichte beginnt bereits mit dem „Zu-Fall" der Geburt. Er dürfte letztlich für jene ein großes Fragezeichen aufwerfen, die Karma mit „natürlich erklärbar" im Sinne von „mechanistisch absehbar" oder „prognostizierbar" gleichsetzen. Ob man auf der Sonnen- oder Schattenseite des Daseins zur Welt kommt, in welche Familie man hineinwächst, welchen positiven und negativen Entwicklungsfaktoren man ausgesetzt ist – das alles ist (mit-) entscheidend für den späteren Lebensweg. Dabei können auch negative Ausgangsbedingungen letztlich gut wirken, wenn sie im Individuum Kräfte freisetzen, seine Handicaps, unter denen er leidet, durch Höchstleistungen zu überwinden.

(Mit-)entscheidend für die Lebensgeschichte eines Individuums sind ferner – neben den leiblichen Eltern und sonstigen Familienangehörigen – die „geistigen Väter und Mütter" im Sinne von Lehrern und intellektuellen Vorbildern und die Freunde, auf die man zufällig stößt. Eine ganz elementare Rolle spielt in diesem Kontext des spezifischen Umfeldes die Berufswahl. Die Wahl des richtigen Berufs ist eine gigantische Möglichkeit der Selbstentfaltung und Quelle von Freude und Selbstbestätigung.

Ein anderer wichtiger und zentraler Zufall ist die Partnerwahl. Die Persönlichkeitsentwicklung ist in hohem Maße davon abhängig, ob man an einen moralisch integeren Partner gerät oder nicht. Die Individualität ist – wir haben das im Kapitel über den Buddhismus diskutiert – keinesfalls unabhängig von äußeren Einflüssen, sondern sie erfährt zu hohen Teilen von der Außenwelt ihre Prägung. Der Partner spielt also im Leben des Menschen eine Schlüsselrolle. Hindus glauben, gute Partner seien bereits im Vorleben zusammen gewesen und seien so spirituell miteinander verbunden. (Am Rande bemerkt widerspricht dieser Glaube der Auffassung von Karma als „ehernem Gesetz", weil bei dem erneuten Zusammenkommen ein Zufalls- oder Zu-Falls-Element ins Spiel kommt).

Bei Zufalls-Begegnungen fällt oft auf, dass diese – statistisch gesehen – extrem unwahrscheinlich erscheinen – etwa wenn einem sein Nachbar völlig unerwartet vor dem Goldtempel in Kyoto über den Weg läuft, oder wenn man einen Freund am Nachbarschalter des Bangkoker Flughafens trifft. Wer viel reist, macht oft die Erfahrung, mit Unbekannten ins Gespräch zu kommen, die jemand kennen, den man selbst auch kennt. Jeder Lehrer, der die Geburtsdaten seiner Schüler betrachtet, wird feststellen, dass diese nicht – wie erwartet - gleichmäßig über die Monate streuen, sondern dass Häufungen auftreten, über die man sich wundert. Man wundert sich auch, wenn man etwa erfährt, dass in einer eng begrenzten Nachbarschaft fünf Personen am gleichen Tag Geburtstag haben und unter diesen sogar eine Mutter und Tochter dabei vertreten sind.

Neben Zufalls-Begegnungen gibt es andere zufällige Ereignisse. Wir haben in Verbindung mit Naturphänomenen, die den Gesetzen der Chaostheorie folgen, erfahren, dass vermeintliche Marginalien gewaltige Fernwirkungen und gigantische Kausalketten im Schlepptau haben können. Sprichwörtlich ist der Flügelschlag einer Schwalbe über dem Himmelstempel in Peking, der einen Tornado in Nordamerika oder einen Tsunami auf den Philippinen auslöst (Näheres bei Nürnberger 1993). Auch hängt der Verlauf der Geschichte etwa davon ab, ob ein Sandkorn in der Sahara nach Norden oder nach Süden geblasen wird. So kann es etwa an der als marginal erscheinenden Zufälligkeit, ob man ein Herbstblatt aufgehoben hat oder nicht, liegen, ob man einen Autounfall erleidet oder gerade noch zu spät kommt. Diese Einsichten lassen darüber philosophieren, wie unergründlich die Wege Gottes sind.

Göttliches Wirken auf der Erde kann sich auch in der Kreativität schöpferischer Menschen niederschlagen. Der Mensch kann aus der Natur der Knappheit im Leben und seiner ihm angeborenen Neugierde heraus zwar beantworten, warum er kreativ ist. Er weiß aber nicht, wie es zum Gedankenblitz, zur spontanen Eingebung oder zur rettenden Idee gekommen ist. Diese scheint plötzlich vom Himmel gefallen zu sein.

Der Naturforscher Konrad Lorenz hat hierbei – in Anlehnung an theistische Philosophen und Mystiker des Mittelalters - von „Fulgurationen" gesprochen (Lorenz 2007, (S. 47 f)). Sie entstehen durch das Zusammenschalten von vorher voneinander unabhängigen Regelkreisen. Dadurch kommt es zu völlig neuen Systemeigenschaften. Lorenz hebt noch zwei andere für die Entwicklungsgeschichte bedeutsame Fulgurationen hervor, nämlich den Übergang vom Anorganischen zum Organischen und vom Tier zum Menschen (Lorenz 2007, S. 216)). Dem britischen Philosophen und Theologe Keith Ward zufolge, ist „zur Erklärung des ganzen Prozesses …ein einfacher, die Hypothese eines in jedem Moment aktiv oder passiv bestimmenden unsichtbaren Einfluss Gottes anzunehmen" (Keith Ward, zitiert nach Küng 2008, (S. 177)).

Die Hirnforschung hat gezeigt, „dass die Ursprünge der Kreativität chaotische Prozesse sind, die selektiv zufällig Fluktuationen verstärken und sie in einem makroskopisch kohärenten Zustand, den wir als Gedanken erfahren, zum Ausdruck bringen" Nürnberger 1993, (S. 74)). Die Menschheitsgeschichte ist letztlich eine Geschichte der Problemlösungen, die kreative Prozesse erfordern. Dabei „„„können diese Gedanken Entscheidungen sein oder das, was wir als Ausdruck freien Willens ansehen". Chaos enthält einen Mechanismus, der freien Willen in einer deterministischen Welt zulässt"" (Crutchfield, zitiert nach Nürnberger 1993, (S. 74)).

Die Menschen glauben, dass es in ihrer Macht liegt, sich innerhalb von Handlungsoptionen frei zu entscheiden und zwischen Gut und Böse wählen zu können. Für den Gläubigen liegt es in der Macht Gottes, Wege zu finden, um den göttlichen Plan bei freien Willensakten des Menschen auch dann zu realisieren, wenn einzelne Menschen vom Wege der Tugend abkommen. Dies kann Entwicklungen in der subjektiven Zeitvorstellung von Menschen zwar verzögern, aber nicht verhindern.

Zwischen göttlichem Determinismus und Gewissens- und Entscheidungsfreiheit des Menschen besteht kein Widerspruch, wenn man annimmt, dass Gott als absoluter Geist allwissend und allmächtig ist. Dann kann er auch ein grenzenloses Multiversalsystem, das aus unendlich vielen selbstähnlichen Subsystemen besteht, flexibel koordinieren und lenken.

Wenn Gott allwissend ist, dann wusste er schon „gestern", wie wir uns „heute" entscheiden und weiß bereits „heute", wie wir uns „morgen" entscheiden werden. Und wenn Gott allmächtig ist, dann kann er unsere „Vergangenheit" mit unserer „Zukunft" stimmig in Einklang bringen – und umgekehrt. Für den ewigen Gott gibt es Gleichzeitigkeit in der Zeit. Er unterliegt keinem Zeitpfeil – ebenso wenig, wie es in der Quantenphysik einen Zeitpfeil gibt. Es gibt für ihn auch keine vergängliche, knappe Zeit.

Ein Zeitpfeil, der nach Vergangenheit, Gegenwart und Zukunft differenziert, existiert nur aus der menschlichen Perspektive heraus. Und nur dort hat er seinen Sinn, weil er in der Welt der Erscheinungen der Schöpfung, Evolution und der Menschwerdung dient. In der Welt der Knappheit, Begrenztheit und Relativität ist der Zeitpfeil auch keine Illusion, sondern real.

8.12 – Hinduismus – die gesellschaftliche Dimension

8.12.1 - Was war der entwicklungshistorische Sinn der Kastenordnung?

Wie ist die Entstehung der Kastenordnung erklärbar? Ist sie heute noch zeitgemäß? Oder steht sie der ökonomischen ratio und sozialen Gerechtigkeit ebenso im Wege wie dem hinduistischen Streben, getreu der göttlichen Weltordnung oder dem Weltenplan zu leben? Ist das Leben nach dem sogenannten Hindu – Dharma, wie es der selbsternannte Gesetzgeber Manu formuliert hat, ein Irrweg der Geschichte? Ist es mit ein Grund dafür, dass in Indien immer noch breite Massen in Armut leben und diskriminiert werden?

Es gibt verschiedene Gründe, weshalb sich in Indien eine Kastenordnung herauskristallisiert hat, die im Zuge von Auswanderungswellen auch nach Nepal exportiert worden ist. Zunächst: Die Kastenordnung ist kein rein indisches Phänomen. Sie „…kommt schon bei den Ägyptern vor. Bei ihnen ordnete das Gesetz, wie bei den Indern, jedem Einzelnen seinen Beruf zu, der vom Vater auf den Sohn weitergegeben wurde. Es war verboten, zwei Berufe auszuüben oder seinen eigenen zu wechseln. Jede Kaste hatte ein spezielles Viertel, das ihr zugewiesen war, und Mitglieder anderer Kasten durften dort nicht wohnen. Dennoch gab es einen Unterschied zwischen Ägyptern und Indern: Bei den Ersteren waren alle Kasten und Berufe gleichermaßen hoch geschätzt; alle Beschäftigungen, selbst diejenigen niedrigster Art, wurden in gleicher Weise als ehrenhaft angesehen... Bei den Hindus hingegen gibt es Tätigkeiten und Berufe, mit denen das Vorurteil solche Erniedrigung verbunden hat, dass die, die sie ausüben, von den Kasten mit höherem Ansehen allgemein verachtet werden" (Abbé Dubois 1825/2002, (S. 50)).

„Dieselben Kastenunterscheidungen wie bei den Indern lassen sich mit einigen Abweichungen auch bei Arabern und Tartaren beobachten. Wahrscheinlich gab es sie auch bei der Mehrheit der Völker der Antike; wir erinnern uns, dass Kekrops das Volk von Athen in vier Stämme oder Klassen einteilte, und ihr großer Gesetzgeber, Solon, hielt diese Unterscheidung aufrecht und verstärkte sie noch auf verschiedene Weise" (Abbé Dubois 1825/2002, (S. 51)).

Dubois hat eine ökonomisch einleuchtende Begründung parat, warum diese Form der frühgeschichtlichen gesellschaftlichen Organisation entstanden ist: „Die, die das Kastenwesen einrichteten, mussten unweigerlich bemerken, dass bei Völkern in einem embryonalen Stadium umso mehr Ordnung und Symmetrie herrschen und es umso leichter ist, Kontrolle auszuüben und Ordnung zu bewahren, je mehr Klassenunterscheidungen es gibt. Das ist genau das Resultat, das die Kastenklassifizierung unter den Hindus bewirkt hat. Die Schande, die eine ganze Kaste beträfe, wenn die Verfehlungen eines ihrer Mitglieder unbestraft blieben, garantiert, dass die Kaste Recht spricht, ihre eigene Ehre verteidigt und ihre Mitglieder in den Grenzen ihrer Pflicht hält. Denn es sei festgehalten, dass jede Kaste ihre eigenen Gesetze und Vorschriften oder besser gesagt: Bräuche hat, innerhalb derer strengstes Recht gesprochen wird, gerade so wie bei den Patriarchen des Alten Testaments" (Abbé Dubois 1825/2002, (S. 51)).

Ferner fungierten die Kasten (sowie ihre kleineren Einheiten der Familienverbände und Nachbarschaften) als Kranken-, Unfall-, Pflege- und Altersversicherung. Zuneigung, Beistand, Schutz, Hilfe und Inspiration hatte der Einzelne am ehesten von informellen Verbünden zu erwarten, die sich aufgrund ökonomischer Zweckmäßigkeit entwickelten.

Kurzum: Die Segmentierung der Menschen in Kasten half beim Entstehen geordneter Gemeinwesen als den Vorläufern moderner Staaten. Kasteneinteilung sorgte effizient für das Angebot der dazu nötigen öffentlichen Güter „Rechtsordnung" bzw. „Sicherheit nach innen und außen". Sie legte auch den Grundstein für ein privates System sozialer Sicherheit. Diese Interpretation, die „die Aspekte von ... ökonomischer Dominanz und Patronage" betont, steht im Einklang mit empirisch untermauerten Forschungsergebnissen der Indologie aus den fünfziger Jahren des zwanzigsten Jahrhunderts (Michaels 2006, (S. 183)).

Oft wird postuliert, Kasten dienten als Machtinstrument der Höherkastigen, insbesondere der Brahmanen oder der „Edlen" (Arier), die sich gegenüber der Urbevölkerung abgrenzten und diese unterwarfen. Besonders wichtig ist die Legitimation von Macht durch die Priesterschicht, die für Staatenbildung entscheidend war: „Die Eingliederung in die hinduistische Gemeinschaft legitimierte die soziale Lage der Herrenschicht religiös. Sie gab ... den Herrenschichten ... nicht nur einen ... anerkannten sozialen Rang, sondern sicherte sie durch die Umwandlung in „Kasten" auch nach unten hin gegen die von ihr beherrschten Klassen" (Weber 1916-1920/1998, (S. 11). Die Mächtigen – sei es aus dem Kreise der Aryas oder von beherrschenden oder beherrschten Fremdvölkern - gingen also eine Symbiose mit anerkannten altindischen Brahmanen ein. So vollzog sich die Integration auch von Fremdvölkern, deren Herrenschicht spezifisch hinduistische Bräuche nachahmte: „also nacheinander etwa: das Meiden des Fleisches, besonders des Rindfleisches, und vor allem die Nichtschlachtung der Kuh, die Vermeidung geistiger Getränke und gewisse andere spezifische Reinheitsvorschriften guter Hindukasten" (Weber 1916-1920/1998, S. 6)).

Auch für die niederkastige Bevölkerung lagen die Vorteile des Kastensystems auf der Hand. Niederkastige haben nämlich ein elementares Interesse daran, sich abzuschotten. Indem sie Barrieren für potentielle Eindringlinge in ihre Berufszweige errichten, halten sie sich lästige Konkurrenten oder „newcomer" vom Leibe, erhöhen ihre Einkommen und genießen ein bequemeres Leben als es sonst der Fall wäre. Kasten ähneln daher auch unseren Zünften und Gilden im Mittelalter, die man machtpolitisch erklären kann. Allerdings gibt es einen gravierenden Unterschied zwischen Zünften und Kasten: „Die Zunft des Okzidents beruhte, im Mittelalter mindestens, in aller Regel auf freier Wahl des Lehrmeisters und ermöglichte so den Übergang der Kinder in andere Berufe, was gerade bei der Kaste völlig fehlt" (Weber 1916-1920/1998, (S. 25)).

Interessant ist, dass sich im hinduistisch (sowie buddhistisch) geprägten Nepal das Kastenwesen nur bei den indo-arischen, aber nicht bei den tibeto-burmesischen Volksgruppen hat durchsetzen können. Dafür gibt es eine einfache Erklärung: „Ein Kastensystem ist ohne Erwirtschaftung eines agrarischen Surplus kaum denkbar" (Michaels 2006, (S. 187)). Dieser ist auf den kargen Böden in den Hochregionen des Himalayas, in dem die tibeto-burmesischen Volksgruppen leben, aber nicht erzielbar.

In entwicklungshistorischer Sicht ist auch von Interesse, dass das Kastenwesen verantwortlich dafür war, dass sich Fremdherrschaften auf indischem Boden leichter haben etablieren können, als es ohne ein solch gesellschaftlich desintegrierendes System der Fall gewesen wäre. Das gilt für die Dynastien während der „dark period" ebenso wie für die Invasion islamischer Eroberer sowie für die Herrschaft der Briten.

8.12.2 – Warum die Kastenordnung die Wohlfahrt mindert

Es ist nach Max Weber der Geist der Kastenordnung im Ganzen, der entwicklungsfeindlich wirkt: „Ein Ritualgesetz, bei welchem jeder Berufswechsel, jeder Wechsel der Arbeitstechnik rituelle Degradation zur Folge haben konnte, war sicherlich nicht geeignet, aus sich heraus ökonomische Umwälzungen zu gebären oder ihnen auch nur das erstmalige Aufkeimen in seiner Mitte zu ermöglichen" (Weber 1916-1920/1998, (S. 81)). Von daher ist es nicht verwunderlich, dass in Indien 2000 Jahre lang (zwischen 300 v. Chr. und 1700 n. Chr.) das reale Pro-Kopf-Einkommen nicht zugenommen hat. (Weede 2000, S. 183)).

Schon die kastenorientierten hinduistischen Essensregeln und der Glaube an unreine Menschen, die durch ihre bloße Anwesenheit den Raum verpesteten und umständliche rituelle Waschungen erforderlich machen, hatten fatale Folgen: Sie bewirkten, dass sich in Indien Schichten, die die kapitalistische Entwicklung in Europa getragen haben, allenfalls rudimentär herausbilden konnten. „Denn ohne Kommensialität, christlich gesprochen: ohne gemeinsames Abendmahl, war eine Eidbrüderschaft und ein mittelalterliches Stadtbürgertum gar nicht möglich. Die Kastenordnung Indiens bildete dafür ein – zumindest aus eigenen Kräften – unübersteigliches Hindernis" (Weber 1916-1920/1998, (S. 27)). Ebenso segmentierend wirkten Eheverbote zwischen unterschiedlichen Kasten.

Ähnlich entwicklungshemmend war „das geringe Sozialprestige, das mit produktiver wirtschaftlicher Tätigkeit verbunden ist. Die meisten Handwerker wurden immer schon den Shudras oder Unberührbaren zugerechnet. Diejenigen, die das Land tatsächlich bearbeiten, großenteils allerdings nicht besitzen, sind ebenfalls Shudras oder Unberührbare. Wer sich im primären oder sekundären Sektor produktiv betätigt und dabei „die Hände schmutzig macht", beweist damit nur seinen niedrigen rituellen und sozialen Rang" (Weede 2000, (S. 190)). „Die kastenmäßige Ablehnung des Gewerbes durch …(den Kriegeradel, d. V.) und die Tradition höfischer Dienste lässt …die Übernahme von jeder Art von persönlicher häuslicher Dienstleistung bis zum niedersten, als rituell rein geltenden Hausdienst vor der Ausübung eines Handwerkes bevorzugen" (Weber 1916-1920/1998, (S. 27)).

„Die für Deutschland so charakteristische Entwicklung vom Handwerk zum kleineren oder mittleren Industriebetrieb fand in Indien nicht statt. Die meisten Handwerkerkasten hatten einen niedrigen sozialen Status, so dass ein Aufstieg behindert oder gar nicht angestrebt wurde. Trotz hervorragender Fähigkeiten in ihren speziellen Arbeitsbereichen waren die Handwerker durch ihre Traditionsgebundenheit und geringe Bildung nicht in der Lage, Innovationen aufzunehmen oder gar selbst zu entwickeln…" (Stang 2002, (S. 235)). Man wundert sich also nicht, dass sich in Indien keine breite Industriebasis herausgebildet hat, die Arbeitskräfte aus der Landwirtschaft hätte absorbieren können.

Kastenüberheblichkeit ist auch ein Grund dafür, dass in Indien das Intelligenzpotential von drei Vierteln der Bevölkerung, die zu den Shudras und Unberührbaren gehören, brachliegt. Selbst in der Bildungsschicht von Studenten, die meist aus den höheren Kasten kommen, ist es verbreitet, abschätzig auf niederkastige Kommilitonen herabzublicken (Schweizer 2001, (S. 180 f.)).

Kasten sind ein Hindernis für die Arbeitsteilung, Wettbewerb und Neuerungsaktivität. Mitunter wird zwar behauptet, die ursprüngliche Idee hinter der Kastenordnung sei optimale Arbeitsteilung. Diese Vorstellung hatte möglicherweise Gesetzgeber Manu, der die vier Hauptkasten aus entsprechend höher- oder minderwertigen Körperteilen des Urwesens Purusha hat erwachsen lassen. Damit hatte er wohl die genetische Eignung im Sinne.

Die Eignung darf aber nicht axiomatisch unterstellt werden, sondern muss sich im lebendigen Vollzug herausstellen. Dazu muss man die Kastenschranken abschaffen, sollen die Menschen eine Chance erhalten, die Fähigkeiten, die in ihnen stekken, bestmöglich zu entfalten. Kasten sind keine Voraussetzung für optimale Arbeitsteilung, sondern stehen dieser vielmehr im Wege. Sie gehören in die Zeit der frühen Staatenbildung und sind schon längst ein Anachronismus.

„Spezifische ökonomische Rollen in Kombination mit Zuschreibung statt Leistungsorientierung, mit partikularistischer statt universalistischer Orientierung ... verringern die Vorteile der Arbeitsteilung, weil diese nicht hinreichend sachlich orientiert ist, weil der einzelne seine soziale Stellung durch Leistung nicht hinreichend verbessern kann. Im indischen Jajmani-System mit der traditionellen, erblichen Zuordnung von Dorfhandwerkern und Dienstboten zu bestimmten Familien höherer Kaste, mit der traditionellen Preisgestaltung und oft auch Naturalzahlungen wird noch dazu Konkurrenz als Quelle eines Leistungsanreizes ausgeschaltet" (Weede 2000, (S. 199)).

Neben der vertikalen Mobilität in Form des sozialen Aufstiegs in diesem Leben verbietet die ewige Weltordnung horizontale Mobilität von einem

Ort an den anderen, von einem Beruf in einen anderen mit vergleichbarem sozialen Rang. „Nicht durch Pilgerfahrten legitimiertes Reisen ist dem orthodoxen Hindu fast so verdächtig wie eine neue, möglicherweise nicht dem Dharma entsprechende Arbeitsweise. Diese Ritualisierung des Arbeitslebens erschwert ein dynamisches Wirtschaftswachstum und begünstigt die ökonomische Stagnation…" (Weede 2000, (S. 190)).

Kasten setzen nicht nur den Wettbewerb außer Kraft und behindern die Arbeitsteilung, sie stehen auch Neuerungsaktivitäten im Weg. So stellt sich bei Produkt- oder Verfahrensinnovationen die grundsätzliche Frage, ob dies mit dem Kasten-Dharma vereinbar ist oder ob dadurch die Kaste rituell verunreinigt wird. „Weil rituelle Verstöße von Mitgliedern magisches Unheil über die ganze Kaste bringen können, ist die Trennung von den Neuerern sicherer" (Weede2000, (S. 189 f.).

Ein Gutes mag die Hartnäckigkeit des Kastensystems haben: Indien ist nicht anfällig für ein falsches und historisch widerlegtes Glaubenssystem im Sinne von Karl Marx. Es kann Unternehmergeist wurzeln oder gedeihen, wo Sozialneid und egalitäre Umverteilungsideen in Schach gehalten werden. Freilich ist Chancengleichheit zu fordern, was neben freiem Zugang aller zu den Bildungseinrichtungen und Berufen eine Bodenreform beinhalten sollte.

In diesem Kontext ist auch hervorzuheben, dass sich eine in Kasten zersplitterte Arbeiterschaft schlechter gewerkschaftlich organisieren lässt, was vor Streiks und lohnpolitischen Übertreibungen schützt (Weede 2000, (S. 191)). Für die wirtschaftliche Zukunft des immer mehr in Fahrt kommenden „indischen Elefanten" sind diese beiden Faktoren bedeutsam (Näheres bei Müller 2006).

8.12.3 – Kastendenken führt zur Vernachlässigung der Außenwelt und der gemeinsamen Belange

Inder legen im Allgemeinen auf Sauberkeit im privaten Bereich größten Wert. Alles innerhalb der eigenen vier Wände wird penibel gepflegt. Hygiene und saubere Kleidung werden groß geschrieben. Selten reist man in ein Land, in dem die Bügelfalten der Herrenhemden so akkurat und die Kleider der Frauen so ästhetisch und farbenfroh sind. Auch wirken die als heilig erachteten Tempelanlagen äußerst gepflegt. Rituelle Reinheit spielt eine große Rolle in der indischen Kultur. Vor allem die Mitglieder höherer Kasten haben panische Angst, sich rituell zu verunreinigen.

Umso unordentlicher und ungepflegter sieht es in Indien außerhalb der Wohnungen und Tempelanlagen aus. Man meint bei der Betrachtung der Umwelt, dass das Messie-Syndrom weit verbreitet ist. Überall liegt etwas herum und Müllberge türmen sich. Auch sind Engpässe in der Infrastruktur (z.B. Straßen, Brücken, Krankenhäuser, Schulen) typisch für Indien. Dies ist ein Entwicklungshemmnis ersten Grades und wird immer wieder beklagt.

Die Vernachlässigung der Außenwelt und der gemeinsamen Belange hat im Kastendenken ihren simplen Grund. Aus der Sicht der höheren Kasten sind niedere Putz- und Aufräumarbeiten Aufgabe von Shudras und Unberührbaren, Diese wiederum gehen zwar ihren niederen Berufen nach, sie fühlen sich aber nicht für den öffentlichen Bereich zuständig. Das Zustandekommen einer gemeinsamen Initiative, die Pflege der Umwelt public utilities zu überantworten und den Ausbau der Infrastruktur zu fördern, wird somit durch eine nach Kasten gegliederte Gesellschaft, erschwert, die nicht an einem Strang ziehen kann. Eine gemeinsame Initiative passt nicht zur Natur einer innerlich zerrissenen Gesellschaft, die eine Wertigkeitshierarchie zwischen Menschen an die Stelle von „Gleichheit, Freiheit und Brüderlichkeit" und des „Wir-Gedankens" setzt.

8.12.4 – Warum es die Kasten immer noch gibt

Der unberührbare Politiker Ambedkar – ein Mitstreiter Nehrus und Gandhis - forderte die Abschaffung der Kastenordnung und trat zum Buddhismus über (Näheres bei Schweizer 2001a, (S. 155 ff). Buddha lehnte wie schon gesagt die Kasten ab. Für ihn waren alle Menschen gleich bzw. sollten die gleiche Chance haben, erlöst zu werden.

Gandhi konnte dieser Idee von Ambedkar jedoch nichts abgewinnen. Er wollte lediglich die menschlich verursachten negativen Auswüchse der Kastenordnung eliminieren. Gandhi hat die Unberührbaren als „harijan" – Kinder Gottes – bezeichnet und er wollte die Diskriminierungen beseitigt wissen. Weil Gandhi eine Leitfigur ist, die das Denken der Inder entscheidend prägte und immer noch prägt, tun sich auch die Wohlwollenden unter den gebildeten Hindus – das sind zumeist Brahmanen - schwer, die historisch überkommene, entartete, ineffiziente und ungerechte Kastenordnung abschaffen zu wollen. Man möchte Reformen auf der Basis des bestehenden Kastensystems.

Die Kastenordnung ist so zäh, weil sie im Glauben der Hindus dem Hindu-Dharma entspricht. Darunter verstehen die Inder und indo-arischen Nepalesen sowie Balinesen die göttliche Ordnung, den rechten Weg, die richtige Lebensweise und das Leben nach dem göttlich gewollten Sozialsystem. Pendant im chinesischen Denken ist das Tao, das die Konfuzianer mit dem Denken in Hierarchien gleichsetzen. In der modernen Naturwissenschaft spricht man analog vom„ Tao der Physik" (Capra 1984 sowie derselbe 1987 und 1996).

Die Hindus, die in der Kastenordnung und ihren vielfältigen kastenspezifischen Regeln den

Willen Gottes verankert sehen, zwängen intoleranterweise auch die anderen Religionsgemeinschaften (wie etwa Christen und Muslime) in das starre Korsett einer Kastenordnung. (Näheres bei Schweizer 2001 a, (S. 42 ff.)).

Warum aber ist die breite Masse der Bevölkerung der Inder, die unterprivilegiert sind, so religiös, wenn so viele Diskriminierungen damit einhergehen? Interessanterweise sind es nämlich gerade Angehörige der niedrigen Kasten, die sich gegen eine Auflösung der Kastenordnung zur Wehr setzen.

Die Kastenordnung hat – und das ist das Entscheidende - ein besonders zähes Leben, weil die Brahmanen sie in einem genialen logischen Schachzug, der machtpolitisch motiviert war, mit der religiös fundierten Karmalehre und dem Glauben an die Seelenwanderung verknüpft haben. Das in diesem Leben (im Vorleben) angehäufte Karma als rituelle Lebensbilanz schlägt also nach der hinduistischen Lehre im nächsten (in diesem) Leben wie ein Bumerang zurück. „Ein korrekt gläubiger Hindu wird im Hinblick auf die klägliche Lage eines zu einer unreinen Kaste gehörigen nur den Gedanken haben: er hat besonders viele Sünden aus früherer Existenz abzubüßen. Dies aber hat die Kehrseite: dass das Mitglied der unreinen Kaste vor allem auch an die Chancen denkt, durch ein kastenrituell exemplarisches Leben seine sozialen

Zukunftschancen bei der Wiedergeburt verbessern zu können.

In diesem Leben gibt es einen Ausweg aus der Kaste, nach oben wenigstens, schlechterdings nicht" (Weber 1916-1920/1998, (S. 87)). Es wäre ein „rituell schwer sündhafter Versuch, aus seiner Kaste treten zu wollen" (Weber 1916-1920/1998, (S. 42)). Kurzum: Jemand, der aus der Kastenordnung auszubrechen versucht, hat Angst vor einer Strafe im nächsten Leben. Der Unreine muss sogar fürchten, etwa als Wurm im Darm eines Hundes wiedergeboren zu werden. Wenn der Hindu niedriger Kaste hingegen devot seinem Dharma als kastenrituelle Verpflichtungen nachkommt, winkt ihm eine bessere Wiedergeburt in einer höheren Kaste. Vielleicht träumt er gar von einer Wiedergeburt als Gott. Wegen dieses Gedankenkonstrukts stößt die Abschaffung der Kasten sogar seitens der breiten Masse der Inder, die unterprivilegiert sind, auf die wenigste Gegenliebe.

Psychologisch „beruhigend" mag hierbei wirken, dass in einer Ordnung, die sich in über 25000 Unterkasten aufspaltet, selbst der Unterprivilegierteste noch nach unten „treten" kann. Er kann auf diese Weise die Demütigungen, die er erfährt, psychologisch wieder „wettmachen", solang er nicht zu den aller Untersten gehört.

Zusammengefasst: Schlüsselfiguren sind die Brahmanen: „Noch einmal...: ohne den penetranten, alles beherrschenden Einfluss der Brahmanen würde dies in aller Welt seines Gleichen nicht findende soziale System in seiner Geschlossenheit nicht entstanden oder doch nicht beherrschend geworden oder geblieben sein. Längst, ehe es auch nur den größten Teil Nordindiens erobert hatte, muss es als Gedankengebilde fertig gewesen sein. Die in ihrer Art geniale Verknüpfung der Kastenlegitimität mit der Karmalehre und also mit der spezifisch brahmanischen Theodizee ist schlechterdings nur ein Produkt rational ethischen Denkens, nicht irgendwelcher ökonomischen „Bedingungen"'" (Weber 1916-1920/1998, (S. 95)).

„Das „bleibe in deinem Beruf", im Urchristentum eschatologisch motiviert und die „Berufstreue" überhaupt waren hier an den hinduistischen Wiedergeburtsverheißungen verankert, so fest, wie keine andere „organische" Gesellschaftsethik es je vermocht hat" (Weber 1916-1920/1998, (S. 88)).

8.12.5 – Zur Zukunft der Kastenordnung

Es ist an der Zeit, dass sich Indien von der Kastenordnung verabschiedet. Hilfreich dafür können Forschungsergebnisse aus der Indologie sein, wonach sich eine eher ökonomisch fundierte Erklärung für die Kastenordnung denn eine religiöse abzeichnet.

Der Indologe Axel Michaels resümiert: „Die Tendenz, das Kastensystem aus religiösen Texten erklären zu wollen, mag für die Frühzeit, als man im Wesentlichen auf die Rechtstexte und Handbücher des Dharmasastra angewiesen war, noch verständlich sein" (Michaels 2006, (S. 182)). Kritisch zu bemängeln ist an dieser Deutung aber, dass die religiösen Vorstellungen der Brahmanen überbewertet werden (ebenda). Aufgrund von wissenschaftlichen Erkenntnissen der Indologie sind die Aspekte von „ökonomischer Dominanz und Patronage" entscheidend für die Erklärung der Kastenordnung (Michaels 2006, (S. 182 f.)).

Diese Einsicht geht auch konform mit Forschungsergebnissen des indischen Nobelpreisträgers für Ökonomie, Amatya Sen, wonach ökonomisches Interesse und nicht die Religion primäre treibende Kraft hinter dem Kulturaustausch zwischen Indien und China war (Sen 2010, (S.83 f.). „Zwischen China und Indien hat es lange Zeit, über 2000 Jahre hinweg, Beziehungen auf intellektueller Ebene gegeben. Obwohl diese Beziehungen in der Geschichte beider Länder tiefe Wirkungen hinterlassen haben, sind sie heute so gut wie vergessen....(Die Religion, d. V.) ... strahlte auf die Naturwissenschaften und die Mathematik, auf die Literatur und die Linguistik, auf die Architektur, die Medizin und die Musik aus.

...Am Anfang der Beziehungen zwischen China und Indien stand allerdings, wie wir heute fast sicher wissen, nicht etwa der Buddhismus, sondern der Handel. Vor 2000 Jahren waren die Konsumgewohnheiten der Inder – insbesondere der reichen – stark durch neue Produkte aus China geprägt. In einer Abhandlung über die ökonomischen und politischen Verhältnisse, die der große Sanskritgelehrte Kautilya im vierten vorchristlichen Jahrhundert verfasste und die einige Jahrhunderte später ergänzt wurde, ist von „Kostbarkeiten" und „wertvollen Objekten" die Rede, wozu auch „Seide und Seidenstoffe aus dem Land China" zählten. Auch in dem alten Epos Mahabharata und in den frühen Gesetzen des Manu werden chinesische Stoffe oder Seide ….erwähnt, die als Geschenke überreicht werden" (Sen 2010 a, (S. 83 f.)). Die Rolle religiöser Inhalte für die historische Entwicklung ist also viel geringer als manche glauben, es dominierte die ökonomische Dimension.

Wie geht es nun mit dem Kastenwesen weiter? Teils importierte Neuerungen wie „Modernisierung im Recht, Geldwirtschaft, neue Berufe, Bildungssystem und gleiche politische Grundrechte untergraben … langsam die alte Kastenordnung. Aber die alte Kastenordnung ist noch lebendig genug, um den wirtschaftlichen Fortschritt gerade der niedrigsten Kasten zu behindern„ (Weede 2000, (S. 205)). Bei den oberen Kasten ist eine Verwestlichung zu beobachten: „Vor allem die Brahmanen … erhalten … ihre traditional privilegierten Positionen mit neuen Mitteln, indem sie eine westliche Bildung erwerben und typisch moderne Berufe anstreben. In den unteren Kasten aber orientiert man sich noch an alten Wertvorstellungen und versucht, die eigene Unterkaste (Jati) durch Imitation der rituell reineren Kaste kollektiv aufsteigen zu lassen" (Weede 2000, (S. 205)).

Vermutlich wird diese „Sanskritisierung" (Weede 2000, (S. 205)) auf dem Lande ausgeprägter sein als in den Städten, wo Fortschritt verstärkt einzieht und sich eine neue – weniger religiös orientierte - Mittelschicht herausbildet. Es zeichnet sich ein wachsendes Reich-Arm-Gefälle ab, regional wie personell, wenn der Sanskritisierung nicht entgegengewirkt wird.

Wichtig ist die Verbreitung des Wissens, dass die Kastenordnung nicht durch die religiösen Texte legitimiert ist, sondern dass die nach Macht strebenden Brahmanen geschickt die Lehre von Karma und Samsara mit dem Kastensystem verlinkten.

Auch wird die in einer globalisierten Weltwirtschaft und im Computerzeitalter explosionsartig zunehmende Zahl von Identitäten dem Kastensystem entgegenwirken. Amatya Sen „plädiert dafür, anzuerkennen, dass jeder Mensch Mitglied in einer Vielzahl von „Gruppen" ist: Staatsangehörigkeit, Wohnort, Geschlecht, Klassenzugehörigkeit, Beruf, politische Ansichten, Essgewohnheiten, sportliche Interessen, Musikgeschmack. Jedes dieser Kollektive (oder kognitiven „Kasten", d. V.), denen ein Mensch angehört, verleiht ihm eine bestimmte Identität, keine seiner Identitäten sollte als seine einzige Identität verstanden werden" (Sen 2010 b, Klappentext).

Und: „Das auch nur stillschweigende Beharren auf einer alternativlosen Singularität der menschlichen Identität (wie z.B. Religion oder Kaste, d. V.) setzt nicht nur uns alle in unserer Würde herab, sondern trägt überdies dazu bei, die Welt in Flammen zu setzen. Die Alternative zu einer einzigen, alles andere zurückdrängenden und Unfrieden stiftenden Einteilung besteht nicht in der wirklichkeitsfremden Behauptung, wir seien alle gleich. Das sind wir nicht. Die große Hoffnung auf Eintracht in unserer aufgewühlten Welt beruht vielmehr auf der Pluralität unserer Identitäten, die sich überschneiden und allen eindeutigen Abgrenzungen entgegenstehen, die nur ein einziges, angeblich unentrinnbares Unterscheidungsmerkmal kennen" (Sen 2010 b, (S. 32)).

Diese Sicht der Welt ist durch empirische Studien zur Kastenordnung in Indien bestätigt worden. Laut Axel Michaels (2006., (S. 183)) werden Kasten mehr und mehr zu gedanklichen Konzepten oder gedachten Gruppen, die jeweils durch ein Unterscheidungskriterium miteinander verbunden sind. Die vormals wenigen starren und undurchlässigen Kastenschranken oder – in der Sprache von Sen - ausschließlichen Identitäten sind also in der Auflösung begriffen.

8.12.6 – Frauendiskriminierung, Armut und Kriminalität

In Indien ist die Wertschätzung zwischen den Geschlechtern gravierend verzerrt. Das hat zum einen rituelle Gründe. So glaubt man an eine bessere Wiedergeburt, wenn das Totenritual „richtig" vollzogen worden ist. Und dieses vermag nach hinduistischem Glauben nur der älteste der lebenden Söhne, nicht aber eine Tochter.

Ferner sind die finanziellen Anreize, eine Tochter zur Welt zu bringen, erheblich beeinträchtigt: Wer eine Tochter (einen Sohn) hat, wird auf zweifache Weise bestraft (belohnt). Zum einen kommt die Tochter teuer, während der Sohn Erträge bringt. Brauteltern müssen nämlich die Hochzeit ausrichten und Mitgift in Höhe eines mehrfachen Jahreseinkommens zahlen, um dem Zukünftigen eine Zusage abzuringen.

Es ist ökonomisch geradewegs skurril, dass an dieser Tradition trotz eines (dadurch bedingten) beträchtlichen Männerüberschusses immer noch festgehalten wird. Da Frauen – in der Sprache der Ökonomie – der „knappe Faktor" sind, müsste der Geldstrom – wenn es denn sein soll - eigentlich in umgekehrter Richtung fließen. „Gegen Ende des 20. Jahrhunderts hat(te, d. V.) Indien bereits einen Mangel von rund 23 Millionen Frauen" (Schweizer 2001 a, (S. 202)), was weitere Kriminalität wie Entführungen und Vergewaltigungen sowie Prostitution im Schlepptau hat und haben wird. Die mehrfache Vergewaltigung einer jungen Inderin mit Todesfolge, die zum Jahreswechsel 2012/2013 durch die internationale Presse gegangen ist, ist hierfür symptomatisch.

Eine Tochter hat noch einen zweiten ökonomischen Nachteil. Die Brauteltern „verlieren" sie an die Familie des Mannes. Sie dient dort als Arbeitskraft zum Nulltarif. Auch ist sie nutzlos im Hinblick auf die Altersversorgung und Pflege der eigenen Eltern. Mädchen verursachen einseitig „sunk costs" – also Kosten ohne Ertrag – während den Kosten für Ernährung, Kleidung, Betreuung Erziehung und Ausbildung von Jungen Zukunftserträge gegenüberstehen. Die Zeugung und „Aufzucht" von Jungen erscheint mithin als lohnenswerte „Investition".

Diese rituellen wie ökonomischen Fehlsteuerungen sind Ursachen für (auch Selbst-)Morde an Mädchen, Frauen und Witwen. „Die meisten dieser Verbrechen geschehen nicht in abgelegenen Dörfern, in denen nach allgemeiner Erwartung „primitive" Verhältnisse herrschen, sondern in größeren Städten. Kaufleute, Techniker, Verwaltungsbeamte, Männer der mittleren Einkommensklassen, die vorgeben, „modern" zu denken, greifen verstärkt zu solch barbarischen Methoden. Ihre Mitgiftforderungen verraten, was ihre Begeisterung für westliche Zivilisation ausmacht: Digitalarmbanduhren, Kühlschränke, Fernsehapparate, Radioapparate, vor allem aber ein Motorrad. Sie gehören zu jener Mittelschicht, deren Anteil seit den Wirtschaftsreformen von 1991 bis zum Jahr 2000 auf rund 18 Prozent der Gesamtbevölkerung angewachsen ist. Das Wachsen dieser rücksichtslos nach Wohlstand strebenden Mittelschicht und die steigende Zahl der Mitgiftmorde stehen in einem ursächlichen Zusammenhang ...

... Gegen die Versuchung des Mitgiftunwesens überwiegend gefeit sind Hindus aus niedrigen Kasten und Unberührbare. Ihnen fehlen meist die Mittel, um überhaupt an eine nennenswerte Mitgift zu denken und westlichen Konsumträumen nachzuhängen. Aber auch die Oberschicht zeigt sich vom Missbrauch eines überhöhten Brautgeldes wenig beeinflusst; sie besitzt das nötige Vermögen, um sich über solchen Terror erhaben zu fühlen. Zudem sind Männer aus ihren Reihen stärker mit modernem Ideengut in Berührung gekommen und treten für Reformen ein" (Schweizer 2001, (S.201 f.)).

Ein großes Problem Indiens ist seine hohe Geburtenrate, die für Armut, Unterversorgung und Arbeitslosigkeit verantwortlich zeichnet. Diese Fehlentwicklungen gehen – neben dem weitgehenden Mangel an modernen Versicherungen gegen Lebensrisiken – auf die Diskriminierung des weiblichen Geschlechts zurück. Werden Mädchen vor allem bei der Ausbildung benachteiligt, setzen sie später als erziehende oder berufstätige Mütter mehr auf die Zahl der Kinder und ihr Geschlecht, statt auf deren Qualifikation und die Übermittlung moralischer Grundwerte. (Schweizer 2001 a, (S. 204 ff.)).

Es führt weiter in die Armutsfalle, wenn das Familienwachstum dem Einkommenswachstum vorauseilt. Auch ist Arbeitslosigkeit die Folge, zumal Indien die industrielle Revolution, die Massen-Arbeitsplätze für ungelernte Arbeitskräfte schafft, noch nicht durchlaufen hat. Das liegt an der wasserdichten Trennung zwischen Kopf- und Handarbeit oder zwischen „reiner" und „unreiner" Tätigkeit. Wegen der Kastenordnung ist diese klassische Dichotomie immer noch in den Köpfen der Menschen verankert.

Empirisch ist gesichert, dass „die Wachstumsrate der Weltbevölkerung in den 1960er Jahren mit etwa 2,1 Prozent pro Jahr ihren Höhepunkt (erreichte, d. V.). Seither ist sie recht kontinuierlich gesunken und lag in den letzten Jahren bei 1,2 Prozent pro Jahr. Laut Prognose wird sie weiter sinken – auf ein Niveau (der Kinder je Frau im gebärfähigen Alter, d. V.) irgendwo zwischen 2,0 und 2,2. Zur Reproduktion einer konstanten Bevölkerung ist in etwa dieses Niveau nötig" (Paqué 2010, (S. 59)).

Ursache für diese bevölkerungspolitisch rosige Zukunft, die für die Mitte unseres Jahrtausends prognostiziert wird, ist ein verbessertes Bildungssystem, das Frauen nicht mehr diskriminiert. Familienforscher, wie der amerikanische Nobelpreisträger Gary Becker, haben auf die Zusammenhänge zwischen Bildungssystemen, Wohlstand und Kinderzahl hingewiesen (Becker 1996).

Für Indien ist evident: Länder mit dem höchsten Bevölkerungswachstum – das sind die „arischen" Stammlande Bihar, Rajasthan, Uttar-Pradesh und Madhya Pradesh - verfügten zugleich über die schlechtesten Bildungssysteme und verzeichneten die niedrigsten Pro-Kopf-Einkommen. Der dravidisch geprägte Süden hingegen, in dem die Bundesländer Tamil Nadu und Kerala liegen, und von denen der Kult um die Urmutter stammt, hat nicht nur bevölkerungspolitische Fortschritte zu erzielen. Er hat auch die besten Bildungssysteme Indiens und die höchsten Pro-Kopf-Einkommen vorzuweisen (Wamser 2005, (S. 137 f.)) und ist nicht nur beim Beten sondern auch im profanen Leben am frauenfreundlichsten. "Wo – wie in Kerala – die Alphabetisierung der Frauen weitgehend abgeschlossen ist, da ist es auch ohne Zwang (wie in der Volksrepublik China) gelungen, den Bevölkerungszuwachs unter Kontrolle zu bringen" (Weede 2000, (S. 210)).

Wichtig ist auch die besondere Rolle, die Frauen in der Kindererziehung ausüben: Frauen vermitteln kleinen Kindern bereits frühzeitig Lerninhalte und moralische Grundwerte. Von dieser Einsicht hat sich etwa der weise Sultan Qaboos von Oman leiten lassen. Er plädierte für möglichst viel Frauen an den Hochschulen des Landes und sieht darin ein wichtiges Humankapital, das die Entwicklung des Landes vortreibt – selbst wenn oder weil die Frau sich längere Zeit nicht ihrem Beruf, sondern der Kindererziehung widmet. Mit dieser Strategie hat der Sultan seit Beginn der 1970er Jahre sein Land von der Steinzeit in die Spitzengruppe entwickelter Länder katapultiert. Wer den Oman bereist hat, ist von den Leistungen des Sultans und seines ehrenwerten Volkes ebenso beeindruckt wie von der Offenheit und Toleranz der Ibadiden. Das ist die dort vorherrschende Glaubensrichtung.

Es ist letztlich hinduistisches Gedankengut, wonach das Wissen das Denken determiniert, dieses wiederum das Handeln und dieses wiederum das Wissen und dass sich daraus eine endlose Spirale ergibt. „Grünes Licht" für die Ausbildung auch von Frauen schaffte somit ein perpetuum mobile, das Wohlfahrt und Glück begründete und nebenbei die Bevölkerungszahl stabilisierte.

8.12.7 – Die indische Großfamilie in der Kritik

Die indische Großfamilie ist ein Zweckverband, der dem einzelnen Sicherheit und Geborgenheit bietet und vor den Risiken des Alters schützt. Er ist hierarchisch aufgebaut, wobei die jeweils älteste Generation das Sagen hat. Es ist zu fragen, ob diese Organisation noch zeitgemäß ist, steht doch außer Zweifel, dass die Unterordnung der Jüngeren unter die Obrigkeit des Alters der Entfaltung der Individualität abträglich ist. Ein solches System wirkt kreativitätslähmend und fortschrittsfeindlich.

Auch ist die indische Großfamilie ein Wohlfahrtsstaat im Kleinen – mit allen negativen Wirkungen auf die Anreize: „Zwar nicht mehr in der Stadt, aber auf dem Lande leben manche Hindus noch in erweiterten Drei-Generationen-Familien unter einem Dach, die zuweilen ca. 50 Personen umfassen können. Dann hat jeder verdienende Sohn bis auf ein Taschengeld sein Einkommen bei seinem Vater, dem Patriarchen, abzugeben. Das ermöglicht es der erweiterten Familie, Wohlfahrtsfunktionen wahrzunehmen" (Weede 2000, (S. 209)).

„Ein verarmtes Mitglied bringt Schande über die ganze Familie. Jeder respektable Hindu-Haushaltsvorstand achtet darauf, dass Faulenzer und Trittbrettfahrer der Familie, deren Frauen und Kinder genauso gut ernährt und gekleidet werden wie die verdienenden Familienmitglieder. Das hat in gewisser Weise Verantwortungslosigkeit und Müßiggang gefördert" (Thomas 1975, zitiert nach Weede 2000, (S. 209)). „Nicht nur in der Wahrnehmung der positiven fürsorglichen Funktionen, sondern auch in Bezug auf die Nebenwirkungen und perversen Anreize ähnelt die erweiterte Familie in Indien den europäischen Wohlfahrtsstaaten

... Aber die erweiterte Familie verliert durch Urbanisierung, Mobilität und wirtschaftlichen Strukturwandel an Boden" (Weede 2000, (S. 209 f.)).

Ferner steht außer Zweifel, dass die Diskriminierung des weiblichen Geschlechts auch mit der Familientradition in Indien zu tun hat: nämlich mit der Regel, dass erwachsene Söhne bei den Eltern bleiben, statt eine eigene Familie zu gründen und dass die anderen Eltern einseitig mit Kosten belastet werden: "Ein Mädchen großzuziehen ist so, als würde man die Pflanzen im Garten seiner Nachbarn bewässern", sagt ein indisches Sprichwort (Kaiser 2012, (S. 185)).

Indische Hochzeiten, die meist von den Eltern arrangiert und von den Brauteltern zu finanzieren sind, dienen primär der Zusammenführung zweier Familien bzw. ganzer Clans und nicht zweier Individuen. Sie sind ein Kapitalvernichtungsprogramm par exellence bzw. eine Konsumorgie. Die Mittel wären in der Ausbildung der Töchter besser angelegt. Prunk und hohe Gästezahl demonstrieren Status und ziehen Schneeball-Effekte nach sich: Man schaukelt sich also gegenseitig hoch. In Indien wie auch Nepal sind Hochzeitsfeiern mit 500 bis 1000 Gästen eher die Regel, denn die Ausnahme (Buß 2009, (S. 191)). Die Brauteltern sparen lange dafür und zahlen mitunter ihr ganzes restliches Leben die Schulden ab.

Es wäre dem Fortschritt zuträglich, wenn die Inder mehr auf Entfaltung der Individualität und der Verantwortlichkeit des einzelnen setzten, statt sich in eine größere Zwangs-Gruppe, in der das Diktat des Alters herrscht, einfügen zu müssen. Es wäre sinnvoller, wenn die jungen Leute eine eigene Familie gründen dürften, für die sie verantwortlich wären. Das schließt nicht aus, dass sie, wenn die Kinder aus dem Haus sind, ihre dann vielleicht pflegebedürftigen Eltern zu sich nehmen. Ein Auszug aus dem Elternhaus schließt auch nicht aus, dass man den Kontakt zu den Eltern pflegt. Und er bedeutet auch nicht den Verzicht auf Gemeinsamkeit, weil man Freundschaften auf freiwilliger Basis schließen kann. Freilich muss der Vormarsch der Kleinfamilie, die in Städten bereits im Vordringen begriffen ist, von einem noch zu installierenden Sozialversicherungssystem flankiert werden.

Inder stehen dem Individualismus meist skeptisch gegenüber und betonen, sie seien Gruppen-Menschen. Das richtige Modell für sie sei daher die Großfamilie. Dabei haben sie aber einseitig real existierende Übersteigerungen des Egos im Blick, nicht aber das idealtypische Modell der verantwortlichen Individualität, die auf kontrollierter Freiheit beruht und die es im Westen ebenso gibt. Außerdem wird übersehen, dass sich hinter dem hohen Lied auf die Gruppe oft nichts anderes verbirgt als die machtpolitischen Ziele der Gruppen-Führer.

8.13 – Das indische „sowohl-als-auch-Denken" als Chance für die moderne Wissenschaft

Typisch für indisches Denken sind nicht nur die scharfe Analytik, sondern auch der synthetische Ansatz, die synoptische Sichtweise oder das Heben der Dinge auf eine Metaebene. Inder denken in den übergreifenden Kategorien des sowohl als auch, statt im zu verengten entweder-oder-Blickwinkel, wie er für den Westen typisch zu sein scheint. Denken in Alternativen und Konkurrenzschemen ist zwar in der Ökonomie wichtig: Private Güter sind knapp und können nicht gleichzeitig von mehreren Personen konsumiert werden. Die Scheibe Brot, die Person A isst, steht für Person B nicht mehr zur Verfügung. Es besteht eine entweder-oder-Beziehung. Und Konkurrenz ist in einer Welt der Knappheit unabdingbar, weil sie für Leistungsanreize sorgt und „faire" Preise im Vergleich zu ausbeuterischen Monopolpreisen erzwingt.

Doch im Bereich der Ideen, der geistigen Strömungen, der Wahrheitsfindung und der Gewinnung von neuem Wissen kann es nie genug an wertvollen Ergänzungen oder zusätzlichen Aspekten geben. Für Inder ist die Wahrheit multidimensional. Demzufolge ist jede Religion wahr und zu maximaler Wahrheit kann man nur durch Offenheit gegenüber allen Religionen gelangen. Es ist für einen Inder kein Widerspruch, gleichzeitig an Ganesha und an Jesus Christus zu glauben oder gleichzeitig Shivaist und Vishnuist zu sein. Hingegen ist es für einen Inder völlig unverständlich, dass in Europa lange nach der Aufklärung noch im Jahr 1870 Papst Pius IX ein Unfehlbarkeitsdogma formuliert hat, dass im Mittelalter Kreuzritter in das Heilige Land gezogen sind und dass Bestrafungen von „Ketzern" auf der kirchlichen Tagesordnung standen.

Die scharfe Analytik und das „sowohl- als – auch-Denken"- also die Offenheit gegenüber anderen Ideen - lassen die Inder als prädestinierte Impulsgeber für die internationale Wissenschaft und Forschung erscheinen. Dies ist umso nötiger, also der westliche Wissenschaftsbetrieb oft unter „zu viel" Analytik zu leiden scheint.

Es muss zu mehr Synthese hin zu einer natürlichen Ganzheit kommen, damit es echten Fortschritt gibt. Immer weitergehende Analyse und uferloses Auffächern macht keinen Sinn, wenn die Teile nicht wieder zusammengefügt werden. Mitunter gewinnt man den Eindruck, dass die immer weiterschreitende Spezialisierung in den einzelnen Wissenschaftszweigen zum Selbstzweck verkommt. Während Modelle immer hybrider werden und die Zahlengläubigkeit zunimmt, sinkt der praktische Nährwert. Man denke etwa an das Übermaß von mathematischen und physikalischen Methoden in der modernen Ökonomie, aus deren universitären Elfenbeintürmen kaum verwertbarer

Rat zur Vermeidung von Wirtschaftskrisen ans Ohr der Öffentlichkeit dringt. Es hat den Anschein, das simple Gesetz von Angebot und Nachfrage sei überholt.

Konrad Lorenz hat die Gefahr der uferlosen Spezialisierung ohne Synthese auf einen kurzen Nenner gebracht: „Am Ende dieses Prozesses weiß der Spezialist, wie es in dem alten Witz so schön heißt, mehr und mehr über weniger und weniger, und schließlich weiß er alles über ein Nichts. Es besteht die ernste Gefahr, dass der Spezialist, dem die Konkurrenz mit Berufsgenossen ein immer umfangreicheres und immer spezielleres Wissen aufzwingt, weniger und weniger über andere Wissenszweige orientiert ist, bis er zuletzt jegliches Urteil darüber verliert, welcher Rang und welche Rolle seinem eigenen Gebiet im Rahmen des grösseren Bezugssystems des über-individuellen, kultureigenen Gesamtwissens der Menschheit zufallen"(Lorenz 1987, (S. 51 f.)).

Kurzum: Der „Geist der Geschichte" scheint als Gegenmittel gegen den Verlust an Urteilsfähigkeit ein indisches Wissenschafts-Zeitalter vorzusehen. In Indien wachsen Forschungsstätten wie die Pilze aus dem Boden, vor allem im Süden. Indien hat bereits schon deutlich mehr Hochschulabschlüsse zu verzeichnen als das bevölkerungsreichere China und die Schere wird sich wegen der unterschiedlichen demographischen Struktur in Zukunft noch weiter öffnen. Naturwissenschaftliche Fächer sind dabei besonders begehrt. Jährlich schließen 250.000 angehende indische Ingenieure ihr Studium ab, das sind viermal so viel Absolventen wie in den USA (Müller 2006, (S. 39)). Während in Deutschland Chemiker Mangelware sind, produziert Indien mit jährlich 100.000 Absolventen ein Überangebot (Müller 2006, (S. 47)). Die Liste ließe sich beliebig verlängern.

9 – Abrundende Gedanken

Unser Streifzug durch die Welt des Hinduismus hat gezeigt: Wo Licht ist, ist auch Schatten. So offen und tolerant der Hinduismus in Glaubensfragen ist, so starr und rigide ist er in Bezug auf die Gesellschaftsordnung. Der naturwissenschaftlichen Weisheit der Inder - „es ist alles Eins" - steht die Realität einer desintegrierten Gesellschaft mit ausgeprägten Wertigkeitsstrukturen gegenüber. So weltbejahend manche Varianten des Hinduismus sind, so weltverneinend und daseinsnegierend sind wiederum andere. Indien ist in hohem Maße innerlich widersprüchlich, ambivalent und zerrissen, was einen Teil seiner Faszination ausmacht.

Eines aber gilt eindeutig: Der Beitrag Indiens und seiner Religionsphilosophien zur Weltkultur ist einhellig positiv zu beurteilen. Lassen wir am Ende dieser Abhandlung über den Hinduismus den indischen Philosophen und Neohinduisten Vivekananda zu Wort kommen. Seine letzte Rede im Weltparlament der Religionen endete mit folgenden Worten: „Wenn das Parlament der Religionen der Welt etwas gezeigt hat, dann ist es Folgendes: Es hat der Welt bewiesen, dass Heiligkeit, Reinheit und Mildtätigkeit nicht ausschließliche Besitztümer irgendeiner Kirche in der Welt sind und dass jedes System Männer und Frauen von erhabenstem Charakter erzeugt hat. Angesichts dieser Tatsachen bemitleide ich von ganzem Herzen denjenigen, der vom ausschließlichen Überleben seiner eigenen Religion träumt und von der Zerstörung der anderen; und ich zeige ihm, dass auf dem Banner jeder Religion trotz Widerstandes bald geschrieben stehen wird: „Hilfe und nicht Kampf", „Gegenseitiges Durchdringen und nicht Zerstörung", „Harmonie und Frieden und nicht Widerspruch" (zitiert nach Wikipedia: Vivekananda. Deutsche Übersetzung von Jyotishman Dam).

Bei Vivekananda heißt es auch: „Ich bin hergekommen, um eine Philosophie Indiens zu repräsentieren, die Vedanta-Philosophie (von den Veden her kommend, d. V.) genannt wird. ... Eine Besonderheit des Vedanta ist, dass wir die unendliche Vielfalt im Denken gelten lassen müssen und nicht versuchen sollten, jedermann zur selben Auffassung zu bringen, denn das Ziel ist dasselbe. Wie der Vendantin (der Hindu, d. V.) in seiner poetischen Sprache sagt: „Wie die vielen Flüsse, die ihre Quellen in verschiedenen Gebirgen haben und gewunden oder gerade dahinfließen, schließlich in den Ozean münden, so kommen die verschiedenen Bekenntnisse und Religionen, die mit unterschiedlichen Standpunkten beginnen und krumme oder gerade Wege einschlagen, schließlich alle zu Dir."

Wir stellen fest, dass diese sehr alte Philosophie mit ihrem Einfluss den Buddhismus inspiriert hat, die erste missionierende Religion der Welt, und indirekt auch das Christentum durch die Alexandriner, die Gnostiker und die europäischen Philosophen des Mittelalters. Und später hat sie durch den Einfluss auf das deutsche Denken auf dem Gebiet der Philosophie und Psychologie beinahe eine Revolution ausgelöst. Alle diese Einflüsse geschahen fast unbemerkt. Wie das sanfte Fallen des Taus in der Nacht das pflanzliche Leben erhält, so hat diese göttliche Philosophie sich langsam und unmerklich auf Erden verbreitet zum Wohle der Menschheit. Es bedurfte keiner Armeen, um diese Religion zu verkünden" (Vivekananda 2010, (S. 43 ff.)).

LITERATUR

Abbé Dubois, Jean Antoine, (1825/2002), Leben und Riten der Inder. Kastenwesen und Hinduglaube in Südindien um 1800. Bielefeld.

Agarwal, Purushottam, (2010), jeder Kaste ihre Schublade, in: Indien – die barfüßige Großmacht. Edition Le Monde diplomatique, Paris.

Becker, Gary, (1996), Familie, Gesellschaft und Politik – die ökonomische Perspektive. Tübingen.

Buß, Johanna, (2009), Hinduismus für Dummies. Weinheim.

Capra, Fritjof, (1984), Das Tao der Physik. Bern, München, Wien.

Capra, Fritjof, (1987), Das neue Denken – Die Entstehung eines ganzheitlichen Weltbildes im Spannungsfeld zwischen Naturwissenschaft und Mystik. Bern, München, Wien.

Capra, Fritjof,(1997), Lebensnetz – Ein neues Verständnis der lebendigen Welt. Bern, München, Wien.

Collins, Francis S, (2012), Gott und die Gene. Ein Naturwissenschaftler entschlüsselt die Sprache Gottes. Freiburg im Breisgau.

Friedman, Milton, (1978/1985), Adam Smiths Bedeutung für 1976. In: Recktenwald, Horst-Claus, (1985), Ethik, Wirtschaft und Staat. Darmstadt.

Gell-Mann, Murray (1996), Das Quark und der Jaguar. Vom Einfachen zum Komplexen. Die Suche nach einer neuen Erklärung der Welt. München, Zürich.

Giersch, Herbert, (1981/82), Wie Wissen und Wirtschaft wachsen. List Forum, Bd. 11, Heft 3.

Giersch, Herbert, (1986 a). Die Ethik der Wirtschaftsfreiheit. In: Handbuch der Marktwirtschaft. Roland Vaubel und Hans D. Barbier (Hrsg.). Weinsberg.

Giersch, Herbert, (1986 b). Das Dilemma der Solidarität. In: Offener Rat. Herbert Giersch. Köln.

Gribbin, John, (1996), Auf der Suche nach Schrödingers Katze – Quantenphysik und Wirklichkeit. München.

Gribbin, John und Rees, Martin, (1994), Ein Universum nach Maß – Bedingungen unserer Existenz. Frankfurt am Main und Leipzig.

Hein, Christoph (2012). Monate der Enttäuschung. In Asien, Heft 4, S. 72 – 74.

Hierzenberger, Gottfried, (2011), Der Hinduismus. Wiesbaden.

Hunke, Siegrid, (2009). Allahs Sonne über dem Abendland. Unser arabisches Erbe. Frankfurt.

Kaiser, Karin, (2012), Fettnäpfchenführer Indien – Be happy oder das no problem – Problem. Meerbusch.

Krack, Rainer, (2009), Nepal – Kathmandu Valley. Bielefeld.

Krack, Rainer, (2002), Kulturschock Indien. Bielefeld.

Krack, Rainer, (2001), Hinduismus erleben. Bielefeld.

Küng, Hans (2010). Existiert Gott? Antwort auf die Gottesfrage der Neuzeit. München, Zürich.

Küng, Hans (2008). Der Anfang aller Dinge. Naturwissenschaft und Religion. München, Zürich.

Küng, Hans (2005), Spurensuche, Die Weltreligionen auf dem Weg 1, Stammesreligionen, Hinduismus, Chinesische Religion, Buddhismus. München, Zürich.

Küng, Hans und Heinrich von Stietencron (1999), Christentum und Weltreligionen, Hinduismus. München, Zürich.

Kuhn, Wolfgang (1985). Darwins Evolutionstheorie. Eine bleibende Herausforderung. Via Internet: http://www.kath-info.de/darwinismus.html

Kulke, Hermann und Rothermund, Dietmar (2010), Geschichte Indiens. Von der Induskultur bis heute. München.

Landaw, Jonathan und Bodian, Stephan, (2006). Buddhismus für Dummies. Paderborn.

Lorenz, Konrad, (2007), Die Rückseite des Spiegels, München.

Lüders, Michael, (2007). Allahs langer Schatten. Warum wir keine Angast vor dem Islam haben müssen. Freiburg im Breisgau.

Michaels, Axel, (2006), Der Hinduismus – Geschichte und Gegenwart. München

Müller, Oliver, (2006), Wirtschaftsmacht Indien. München, Wien.

Neuroexperiment: Mönche in der Magnetröhre. http://www.geistigenahrung.org/ftopic40583.html

Nürnberger, Christian, (1993), Faszination Chaos – Wie zufällig Ordnung entsteht. Stuttgart.

Oeser, Erhard, (2003), Hund und Mensch – Geschichte einer Beziehung. Darmstadt.

Oncken, August (1877/1985), Adam Smith und Immanuel Kant. In: Recktenwald, Horst Claus, (Hrsg.), Ethik, Wirtschaft und Staat. Darmstadt.

Paque, Karl-Heinz, (2010), Wachstum! – Die Zukunft des globalen Kapitalismus. München.

Polkinghorne, John, (1994). Quarks, Chaos and Christianity. Harrisburg.

Recktenwald, Horst Claus, (1985), (Hrsg.), Ethik, Wirtschaft und Staat. Darmstadt.

Rees, Martin, (2006), Das Rätsel unseres Universums - hatte Gott eine Wahl? München.

Ricard, Matthieu und Thuan, Trinh, Xuan (2008), Quantum und Lotus. Vom Urknall zur Erleuchtung. München.

Rothermund, Dietmar, (2006), Geschichte Indiens – Vom Mittelalter bis zur Gegenwart. München.

Scherer, Burkhard, (2005), Buddhismus. Alles, was man wissen muss. Gütersloh.

Schlensog, Stephan, (2006), Hinduismus. München, Zürich.

Schönberger, Martin (2000), Weltformel I-Ging und genetischer Code: Die Polarität von Geist und Natur, Oberstdorf.

Schuhmann, Hans Wolfgang, (2010), Die großen Götter Indiens. München.

Schweizer, Gerhard, (2011), Pilgerorte der Weltreligionen. Auf Entdeckungsreise zwischen Tradition und Moderne. Ostfildern.

Schweizer, Gerhard (2004), Metropole, Moloch, Mythos – eine Reise durch die Megastätte Indiens. Stuttgart.

Schweizer, Gerhard, (2003), Islam und Abendland. Geschichte eines Dauerkonflikts. Stuttgart.

Schweizer, Gerhard, (2002), Ungläubig sind immer die anderen. Weltreligionen zwischen Toleranz und Fanatismus. Stuttgart.

Schweizer, Gerhard, (2001 a), Indien & China. Asiatische Wege ins globale Zeitalter. Stuttgart.

Schweizer, Gerhard, (2001 b). Indien – Ein Kontinent im Umbruch. Stuttgart.

Sen, Amartya, (2010 a), Arzneien, Kalender und andere Kostbarkeiten, in: Indien, die barfüßige Großmacht, Edition le Monde diplomatique. Paris.

Sen, Amartya, (2010 b), Die Identitätsfalle – Warum eines keinen Krieg der Kulturen gibt. München.

Siebert, Rüdiger, (2007), Indien nordwärts – Von Kerala nach Gujarat. Bad Honnef.

Siebert, Rüdiger, (2005),Indien südwärts. Von Kalkutta zum Kap Komorin. Bad Honef.

Siebert, Rüdiger, (2004), Unterwegs mit Buddha – Eine Spurensuche in Indien und Nepal. Bad Honnef.

Singer, Wolf und Matthieu, Ricard 2008, Hirnforschung und Meditation. Ein Dialog. Frankfurt.

Smith, Adam, (1759/1977), Theorie der ethischen Gefühle. Hamburg.

Smith, Adam, (1776/1974), Der Wohlstand der Nationen. München.

Spiegel-ONLINE (19. 2. 2013), Higgs-Boson-Erkenntnisse: Physiker halten Universum für unstabil.

Stang, Friedrich (2002), Indien – Geographie, Geschichte, Wirtschaft, Politik. Darmstadt.

Stietencron, Heinrich von, (2010), Der Hinduismus. München.

Thürkauf, Max (1980), Die moderne Naturwissenschaft und ihre soziale Heilslehre – der Marxismus. Schaffhausen.

Viner, Jacob, (1926/27/1985), Adam Smith und Laissez-faire. In Recktenwald, Horst-Claus, Ethik, Wirtschaft und Staat. Darmstadt.

Vivekananda (2010), Vedanta Der Ozean der Weisheit. München.

Walter, Norbert und Rosenschon, Astrid, (1996), Ein Plädoyer für die Marktwirtschaft – Wie Marktwirtschaft tatsächlich funktioniert. Soziale Verantwortung und Moral. Vergleiche Deutschland, Japan, USA. Landsberg/Lech.

Wamser, Johannes, (2005), Standort Indien – eine kleinräumige Analyse des Subkontinentalstaates als Investitionsziel und Absatzmarkt ausländischer Unternehmer. Asien – Wirtschaft und Entwicklung, Band I. Münster.

Weber, Max, (1916 – 1920/1998), Die Wirtschaftsethik der Weltreligionen. Hinduismus und Buddhismus. Tübingen.

Weede, Erich, (2000), Asien und der Westen. Politische und kulturelle Determinanten der wirtschaftlichen Entwicklung. Baden – Baden.

Danksagung

Ich bedanke mich herzlich bei dem Wirtschaftsphilosophen, Herrn Professor Dr. Gerd Habermann, für fruchtbare und richtungsweisende Kritik, die zu einer zweimaligen und gründlichen Überarbeitung des ursprünglichen Manuskripts geführt hat. Ohne ihn wäre die Studie nicht das, was sie ist. Ferner sei der Sängerin im Opernchor des Münchner Nationaltheaters und Hobby-Historikerin, Frau Elke Föll - Großhans, gedankt, die die redaktionelle Betreuung übernommen hat. Auch der Ingenieur und Künstler, Herr Ralf Schultheiss, hat durch seine konstruktive Kritik – insbesondere zu den naturwissenschaftlichen Abhandlungen – dazu beigetragen, dass Schwächen getilgt werden konnten. Verbleibende Mängel gehen natürlich ausschließlich zu meinen Lasten.

Dank schulde ich auch unserem hervorragenden Reiseleiter, Herrn Chetan Limbu aus Kathmandu, der uns vor im November 2011 durch sein faszinierendes Heimatland Nepal geführt hat, das vom Hinduismus dominiert ist. Dessen tiefe Gläubigkeit war – vor dem Anblick der majestätischen Bergriesen - letztlich der Impulsgeber für die vorliegende Studie.

Ferner bin ich meinem im Jahr 1990 verstorbenen Doktorvater, Herrn Professor Horst Claus Recktenwald, dankbar. Als Ökonom, der in säkularen und entwicklungsgeschichtlichen Dimensionen dachte, hat er auch meinen Blick für theologische Fragen geschärft. Er war ein profunder Kenner des Werkes von Adam Smith (1723 - 1790), dem berühmten schottischen Moralphilosophen, der als geistiger Vater der modernen Ökonomie gilt und der an eine göttliche Ordnung hinter allen Phänomenen glaubte. Seine Metapher von der „Unsichtbaren Hand" ist Legende. Horst Claus Recktenwald hat auch den „Wohlstand der Nationen" von Adam Smith ins Deutsche übertragen. Das zweite Hauptwerk von Adam Smith - die „Theorie der ethischen Gefühle"- hat er, neben dem „Wohlstand" und den „Essays", in seinen Studien zu Smith' Schaffen ebenfalls gewürdigt.

Last but not least möchte ich meinem lieben Ehemann, dem Ökonomen und Weltenbummler Dr. Claus-Friedrich Laaser, für fruchtbare Diskussionen danken und auch dafür, dass er mich mit seinem „Indien-Fieber" angesteckt hat. Ich verdanke ihm mehr, als ich mit Worten ausdrücken kann. Er beschütze mich und gab mir mein Selbstwertgefühl wieder, das durch schwere Zeiten und lange Krankheit verloren gegangen war. Ihm und unserer treuen vierbeinigen bellenden Freundin Stine, die im August 2012 leider eingeschläfert werden musste, widme ich dieses Buch.

Astrid Rosenschon, im Januar 2014

www.tredition.de

Über tredition

Der tredition Verlag wurde 2006 in Hamburg gegründet. Seitdem hat tredition Hunderte von Büchern veröffentlicht. Autoren können in wenigen leichten Schritten print-Books, e-Books und audio-Books publizieren. Der Verlag hat das Ziel, die beste und fairste Veröffentlichungsmöglichkeit für Autoren zu bieten.

tredition wurde mit der Erkenntnis gegründet, dass nur etwa jedes 200. bei Verlagen eingereichte Manuskript veröffentlicht wird. Dabei hat jedes Buch seinen Markt, also seine Leser. tredition sorgt dafür, dass für jedes Buch die Leserschaft auch erreicht wird

Autoren können das einzigartige Literatur-Netzwerk von tredition nutzen. Hier bieten zahlreiche Literatur-Partner (das sind Lektoren, Übersetzer, Hörbuchsprecher und Illustratoren) ihre Dienstleistung an, um Manuskripte zu verbessern oder die Vielfalt zu erhöhen. Autoren vereinbaren unabhängig von tredition mit Literatur-Partnern die Konditionen ihrer Zusammenarbeit und können gemeinsam am Erfolg des Buches partizipieren.

Das gesamte Verlagsprogramm von tredition ist bei allen stationären Buchhandlungen und Online-Buchhändlern wie z. B. Amazon erhältlich. e-Books stehen bei den führenden Online-Portalen (z. B. iBookstore von Apple) zum Verkauf.

Seit 2009 bietet tredition sein Verlagskonzept auch als sogenanntes "White-Label" an. Das bedeutet, dass andere Personen oder Institutionen risikofrei und unkompliziert selbst zum Herausgeber von Büchern und Buchreihen unter eigener Marke werden können.

Mittlerweile zählen zahlreiche renommierte Unternehmen, Zeitschriften-, Zeitungs- und Buchverlage, Universitäten, Forschungseinrichtungen, Unternehmensberatungen zu den Kunden von tredition. Unter www.tredition-corporate.de bietet tredition vielfältige weitere Verlagsleistungen speziell für Geschäftskunden an.

tredition wurde mit mehreren Innovationspreisen ausgezeichnet, u. a. Webfuture Award und Innovationspreis der Buch-Digitale.

tredition ist Mitglied im Börsenverein des Deutschen Buchhandels.